소규모주택정비법령 질의 · 회신 사례집

서울특별시

Jinhan M&B

질의회신 사례집 이용 관련 안내사항

발간목적

본 사례집은 「빈집 및 소규모주택 정비에 관한 특례법」 및 서울시 조례의 주요 질의회신 사례를 정리한 것입니다. 이를 통해 자치구 관련 업무 담당 공무원의 이해를 돕고, 해석 차이로 인한 분쟁을 예방하며 업무의 일관성을 확보하고자 합니다.

유의사항

본 사례집은 서울시 주택실 전략주택공급과·공동주택과에서 「빈집 및 소규모주택 정비에 관한 특례법」 및 「서울특별시 빈집 및 소규모주택 정비에 관한 조례」의 소규모주택정비사업과 관련하여 질의 회신한 주요 사례를 정리한 것으로, 회신 이후 관련규정 개정 등으로 변동된 사항이 있을 수 있으니 **현행 법령 등의 제반 기준을 항상 살펴보신 후 참고하여 주시기 바랍니다.**

회신 내용은 이해를 돕기 위한 내용으로 **법률적인 효력을 가지지 않습니다. 또한 해당 질의 내용에 국한되며, 개별 사실관계에 따라 변동될 수 있음**을 유의 하시기 바랍니다.

목차

제1장

소규모주택정비사업의 정의 및 준비단계

1-1 용어정리

전략사업과-20731호(2022.04.11.)

가로주택과 모아주택의 차이

질의요지

가로주택과 모아주택의 차이

회신내용

모아주택은 저층 주거지 내 노후된 다세대·다가구주택 등을 모아 1,500㎡ 이상 규모의 공동개발을 통해 저층부에 커뮤니티 시설을 배치하고, 지하주차장·지상녹지 등을 조성하는 서울형 소규모주택정비모델로 추진 방식은 「빈집 및 소규모주택 정비에 관한 특례법」 제2조에 의한 가로주택정비 등 소규모주택정비사업을 활용하는 것입니다. 끝.

전략주택공급과-28호(2022.08.22.)

모아주택, 모아타운 이란?

질의요지

모아주택, 모아타운 이란?

회신내용

모아타운은 노후된 다세대·다가구주택 밀집지역의 주거환경을 개선하고자 지하주차장·공원 등의 기반시설 확충과 모아주택사업을 계획적·효율적으로 추진하기 위해 10만㎡ 미만으로 관리계획을 수립하여 추진하는 관리구역이며,

모아주택은 모아타운 내에서 1만㎡ 내·외의 가로주택정비 등 소규모주택정비사업 방식으로 조합을 설립하여 추진하는 사업시행구역입니다. 끝.

전략주택공급과-3742호(2022.11.15.)

소규모재개발사업 대상 지역

질의요지

소규모재개발사업 추진 시 준주거지역으로 용도지역 상향 가능여부 및 간선도로의 기준

회신내용

소규모재개발사업 추진 시 용도지역 상향 여부는 「서울특별시 소규모재개발사업 업무처리기준」에 따라 「서울특별시 용도지역 관리방향 및 지정·조정 가이드라인」 및 「서울특별시 지구단위계획수립기준」중 공동주택 건립에 따른 지구단위계획 수립기준에서 규정하는 용도지역 상향 기준을 적용하고, 최종적으로 「서울특별시 빈집 및 소규모주택 정비에 관한 조례」에 따른 통합심의위원회에서 인정하는 경우 가능함을 알려드리며,

간선도로는 서울도시계획포털(https://urban.seoul.go.kr/) 알림마당 자료실에서 「서울특별시 지구단위계획 수립기준·관리운영기준 및 매뉴얼(2022.05)」을 참고하시기 바랍니다. 끝.

전략주택공급과-6273호(2023.05.23.)

소규모재개발 '개통 예정인 역'의 정의

질의요지

서울특별시 소규모재개발 업무처리기준(역세권의 정의) 관련 '개통 예정인 역'의 정의

회신내용

「서울특별시 역세권 활성화사업 운영 및 지원에 관한 조례」 제2조(정의)제1호에 따라 '개통 예정인 역'은 사업계획 또는 실시계획을 승인받아 개통이 예정된 역으로 정의함을 알려드립니다. 끝.

전략주택공급과-12683호(2023.10.22.)

모아주택 법적 명칭

➲ 질의요지

모아주택의 법적 명칭은?

➲ 회신내용

우리시는 재개발이 어려운 노후 저층주거지의 주거환경 개선 및 정비를 위하여 새로운 정비방식인 모아주택·모아타운 사업을 추진 중에 있습니다.

한편, 질의하신 '모아주택·모아타운'은 서울시 정책브랜드로 법적명칭이 아니며 「빈집 및 소규모주택 정비에 관한 특례법」에 따른 '소규모주택정비 관리지역(모아타운)' 과 '서울시 모아주택 사업시행계획 통합심의기준'에 따라 추진하는 소규모주택정비사업(자율주택정비사업, 가로주택정비사업, 소규모재건축, 소규모재개발)을 의미함을 안내드립니다.

아울러, 우리시 홈페이지에서 모아주택·모아타운과 관련한 자세한 정보를 제공하고 있으니 참고하시기 바랍니다. 끝.

서울시 홈페이지→ 분야별 정보 → 주택분야 → 검색창 '모아주택'으로 검색

전략주택공급과-2145호(2024.08.14.)

모아타운 추진 근거

➲ 질의요지

모아타운 추진 근거

➲ 회신내용

모아타운은 「빈집 및 소규모주택 정비에 관한 특례법」(이하 '소규모주택정비법'이라 한다.) 제3장제7절(소규모주택정비 관리계획) 및 같은 법 시행령 제3장제7절(소규모주택정비 관리계획), 「서울특별시 빈집 및 소규모주택 정비에 관한 조례」 제3장제7절(소규모주택정비 관리계획)에 따라 서울시에서 마련한 모아타운 관리계획 수립 지침 등으로 추진되는 사업임을 알려드립니다.

아울러 모아타운 주민제안의 경우 소규모주택정비법 제43조의2제1항 및 같은 법 시행규칙 제10조의2, 「서울시 빈집 및 소규모주택 정비에 관한 조례」 제44조의5에 근거하여 추진 중임을 알려드립니다. 끝.

전략주택공급과-10711호(2025.08.26.)

소규모재개발 승강장 경계로부터 반경 250m 거리 산정기준

질의요지

소규모재개발사업 업무처리기준의 승강장 경계로부터 250m 거리 산정기준에 대한 질의

회신내용

「빈집 및 소규모주택 정비에 관한 특례법 시행령」 제3조제1항제4호가목 및 「서울특별시 소규모재개발사업 업무처리기준」 1-3-4.에 따라 소규모재개발사업은 사업을 시행하려는 지역의 면적 과반이 승강장 경계로부터 '반경' 250m 이내인 지역(다만, 서울특별시 통합심의위원회 심의에서 인정하는 경우 350m 이내인 지역)을 대상 지역으로 하고 있음을 안내드립니다. 끝.

1-2 사업대상 및 범위

전략사업과-22730호(2022.06.15.)

2종(7층)이하주거지역 층수 기준

질의요지

2종(7층)이하 주거지역에서 모아주택이 아닌 일반 가로주택정비사업 추진 시 층수 기준

회신내용

우리시에서는 통합심의 기준을 통해 2종(7층) 이하 일반주거지역 내 가로주택정비사업의 경우 임대주택 건립 시 기준을 7층 이하에서 10층까지 완화하였으나, 모아주택 활성화를 위해 평균 13층(최고층수 15층 이하)이하로 층수 기준을 완화토록 심의 기준을 개선하였습니다.

[모아주택 사업시행계획 수립 기준]

① 부지면적 1,500㎡ 이상
② 지하주차장 건립
③ 가로대응형 배치계획
④ 주가로변 저층부 근린생활시설 및 주민공동이용시설 등 조성
⑤ 6m 이하 도로변 대지안의 공지 활용 보도 조성
⑥ 과도한 옹벽 지양
⑦ 사업부지 내 기존도로 폐도가 있을 경우 공공보행통로 설치

따라서, 가로주택정비사업 시 서울시 심의를 통해 평균 13층 이하로 계획할 수 있으며, 계획 수립 시 「모아주택 사업시행계획 수립기준」을 반영하여야 함을 알려드립니다. 끝.

전략사업과–23151호(2022.06.28.)

사업지 내 도시계획시설 예정도로가 위치할 경우 사업시행 가능여부

➲ 질의요지

사업대상지 내 지구단위계획으로 결정된 도시계획시설 예정도로가 위치 할 경우 가로주택정비사업 추진이 가능한지?

➲ 회신내용

「빈집 및 소규모주택 정비에 관한 특례법 시행령」 제3조제2항제3호에 따라 도시계획시설 도로(신설·변경에 관한 지형도면의 고시가 된 도로 포함)로서 폭이 4m를 초과하는 도로가 해당 가로구역을 통과하지 않도록 규정하고 있는 바,

사업대상지 내 지구단위계획으로 결정된 도시계획시설 예정도로가 이에 해당될 경우 가로주택정비사업 대상지역이 아니며, 사업추진을 위해서는 지구단위계획 변경을 통한 도시계획시설 도로 폐지가 선행되어야 함을 알려드립니다. 끝.

전략사업과–24261호(2022.07.29.)

자동차의 통행이 불가능한 계단식 도로의 가로구역 요건 인정 여부

➲ 질의요지

자동차의 통행이 불가능한 계단식 도로의 가로구역 요건 인정 여부

➲ 회신내용

가로주택정비사업은 「빈집 및 소규모주택 정비에 관한 특례법 시행령」 제3조제2항에 따른 '가로구역'의 전부 또는 일부지역에 대해 추진하는 사항으로, '가로구역'은 동법 시행규칙 제2조제3항에 따른 도로 및 기반시설로 둘러싸인 일단의 지역으로 규정하고 있습니다.

동법 시행규칙 제2조제3항제1호 나목에 따르면 "「건축법」 제2조제1항제11호에 따른 도로로서 너비 6m 이상의 도로"로 규정하고 있으며, 「건축법」 제2조제1항제11호에서 '도로'란 보행과 자동차 통행이 가능한 너비 4m 이상의 도로(지형적으로 자동차 통행이 불가능한 경우와 막다른 도로의 경우에는 대통령령으로 정하는 구조와 너비의 도로)라고 명시하고 있는 바, 해당사업지 도로 너비 등 도로 현황을 확인하여 가로주택정비사업 가로구역 충족여부를 확인하시기 바랍니다. 끝.

전략주택공급과-3466호(2022.11.09.)

일반상업지역과 가로구역별 건축물 높이 지정 구역 내 가로주택정비사업 높이 기준

질의요지

일반상업지역 및 가로구역 별 건축물 높이 계획으로 관리되는 지역에서 가로주택정비사업이 추진가능한지? 가로주택정비사업 추진 시 가로구역 별 건축물 높이 계획에도 불구하고 건축물 높이 제한을 받지 않아도 되는지?

회신내용

가로주택정비사업의 대상지역은 「빈집 및 소규모주택 정비에 관한 특례법(이하 '소규모주택정비법'이라 함) 시행령」 제3조제1항및제2항에서 규정하고 있으며, 법에서 정한 가로구역조건, 노후·불량건축물 비율, 기존 주택 수 등의 기준이 충족할 경우 용도지역에 관계 없이 사업추진이 가능한 사항입니다.

우리시 가로주택정비사업 심의기준에 따라 소규모주택정비법에 따른 건축규제 완화사항은 전용·일반주거지역에 한해 적용하고 있으며, 준주거지역·일반상업지역 등에 대해서는 무분별한 개발을 방지하기 위해 건축규제 완화기준 적용을 배제하고 있습니다.

따라서, 일반상업지역 내 가로구역 별 건축물 높이계획이 수립된 지역에서 가로주택정비사업을 추진할 경우 가로구역 건축물 높이 기준을 따라야 함을 알려드립니다. 끝.

전략주택공급과-5363호(2022.12.21.)

주택과 근린생활시설이 혼재된 건축물의 기존 주택 호수 산정기준

질의요지

건축물대장 상 단독주택 주용도에 주택 및 근린생활시설로 되어 있는 경우, 가로주택정비사업 요건 중 기존주택의 호수 또는 세대수 계산에 제외되는지?

회신내용

가로주택정비사업은 「빈집 및 소규모주택 정비에 관한 특례법 시행령」 제3조제1항2호 다목에 따라 단독주택이 10호 이상이거나 공동주택이 20세대 이상일 때 추진 가능합니다. 해당 기준 적용에 있어 신축 당시부터 단독주택과 근린생활시설이 혼재되어 있는 건축물은 단독주택으로서 기능이 포함되어 있기 때문에, 가로주택정비사업 추진을 위한 단독주택 호수로 계산됨을 알려드립니다. 끝.

전략주택공급과-2269호(2023.02.23.)

역세권에 위치한 1종일반주거지역 내 소규모재개발 시행

➲ 질의요지

제1종일반주거지역도 역세권 지역이면 소규모재개발이 가능한지?

➲ 회신내용

「빈집 및 소규모주택 정비에 관한 특례법」 및 「서울특별시 소규모재개발사업 업무처리기준」에 따른 소규모재개발사업 요건을 만족하고 통합심의 등 절차를 통하여 계획의 적정성이 확인되면 1종일반주거지역에서도 소규모재개발을 시행할 수 있음을 알려드립니다. 끝.

전략주택공급과-2991호(2023.03.13)

가로주택정비사업의 가로구역 범위

질의요지

가로주택정비사업 추진 시 가로구역 적용을 위하여 어떠한 도로로 둘러싸여야 하는지?

회신내용

가로주택정비사업 시행을 위한 가로구역은 관계법령인 「빈집 및 소규모주택정비에 관한 특례법 시행령」 제3조제2항 및 시행규칙 제2조제3항에서 규정하고 있는 도로 및 시설로 둘러싸인 일단의 지역을 말하며, 사업시행을 위한 가로구역 대상여부에 관하여는 조합설립인가권자인 관할 자치구청과 협의하시기 바랍니다. 끝.

빈집 및 소규모주택 정비에 관한 특례법 시행령

제3조(소규모주택정비사업 대상 지역)

② 제1항제2호 각 목 외의 부분에 따른 가로구역은 다음 각 호의 요건을 모두 갖춰야 한다.

1. 해당 가로구역은 국토교통부령으로 정하는 도로 및 시설로 둘러싸인 일단(一團)의 지역일 것. 다만, 법 제43조의2에 따라 소규모주택정비관리계획이 승인 · 고시된 지역인 경우는 제외한다.1

빈집 및 소규모주택 정비에 관한 특례법 시행규칙

제2조(가로구역의 범위 등)

③ 영 제3조제2항제1호 본문에서 "국토교통부령으로 정하는 도로 및 시설"이란 다음 각 호의 도로 및 시설을 말한다.

1. 다음 각 목의 도로 및 예정도로
   가. 제1항제1호의 도로
   나. 「건축법」 제2조제1항제11호에 따른 도로로서 너비 6미터 이상의 도로. 이 경우 「사도법」에 따라 개설되었거나 신설 · 변경에 관한 고시가 된 도로는 「국토의 계획 및 이용에 관한 법률」 제36조제1항제1호가목부터 다목까지의 규정에 따른 주거지역 · 상업지역 또는 공업지역에서의 도로로 한정한다.
   다. 제1항제3호의 도로로서 너비 6미터 이상인 도로
2. 다음 각 목의 기반시설
   가. 공용주차장
   나. 광장, 공원, 녹지, 공공녹지
   다. 하천
   라. 철도
   마. 학교

공동주택지원과-13121호(2023.07.25.)

다세대주택 소규모재건축 가능여부 등

질의요지

OO빌라 개별 소규모재건축 가능여부와 인근 도로를 통합하여 소규모재건축 가능한지

회신내용

「건축법」 제11조에 따라 건축허가를 받아 아파트 또는 연립주택을 건설한 일단의 토지인 주택단지를 말하며 대상지는 다세대주택으로 소규모재건축사업지가 아님을 알려드립니다. 끝.

전략주택공급과-12598호(2023.10.20.)

근린생활시설의 자율주택정비사업 대상 여부

질의요지

(질의1) 근린생활시설을 「서울특별시 빈집 및 소규모주택 정비에 관한 조례」(이하 "소규모주택정비 조례") 제3조제1항제4호에 따른 「건축법」 제2조제1항제5호에 따른 지하층이 있는 주택으로 볼 수 있는지?

(질의2) 근린생활시설을 「빈집 및 소규모주택 정비에 관한 특례법 시행령」(이하 "소규모주택정비법 시행령") 제3조제1항제1호에 따른 자율주택정비사업 대상에 해당이 되는지?

회신내용

(질의1) 근린생활시설을 소규모주택정비 조례 제3조제1항제4호에 따른 「건축법」 제2조제1항제5호에 따른 지하층이 있는 주택으로 볼 수 없음을 알려드립니다.

(질의2) 자율주택정비사업은 「빈집 및 소규모주택 정비에 관한 특례법」 제3조제1항제1호 및 소규모주택 정비 조례 제3조제1항에 해당되는 지역에서 단독주택, 다세대주택 및 연립주택을 스스로 개량 또는 건설하기 위한 사업으로 근린생활시설은 사업대상에 포함되지 않습니다.

다만, 소규모주택정비법 시행령 제3조제1항제1호다목에 따라 진입도로 등 정비기반시설의 설치에 필요한 나대지, 노후불량건축물의 철거로 발생한 나대지, 소규모주택정비법에 따른 빈집 정비사업으로 발생한 나대지 등의 경우는 사업시행구역 전체 토지면 적의 2분의 1 이내인 경우에는 자율주택정비사업이 가능함을 알려드립니다. 끝.

전략주택공급과-2040호(2024.02.13.)

재건축사업 정비계획 입안 대상 공동주택단지의 가로주택정비사업 추진

➲ 질의요지

「도시 및 주거환경정비법」에서 재건축사업을 위한 정비계획의 입안대상으로 정하고 있는 공동주택단지(노후·불량건축물로서 기존 세대수가 200세대 이상)를 가로주택 정비사업으로 추진할 수 있는지 여부

➲ 회신내용

「빈집 및 소규모주택 정비에 관한 특례법」 시행령 제3조제2호다목2)에 따르면 가로주택정비사업의 요건 중 기존 주택이 「주택법」 제2조제3호의 공동주택인 경우 20세대 이상일 것으로 규정되어 있고, 같은 법 시행령 제3조제1항에서도 공동주택의 종류와 범위를 「건축법 시행령」 별표 1 제2호에 따른 아파트, 연립주택 및 다세대주택으로 규정하고 있을 뿐 그 외에 다른 제한 규정을 두고 있지 않습니다.

따라서, 문의하신 사항은 정비계획 입안 예정인 사업지의 상황과 해당 구역의 가로주택정비사업 요건(가로구역, 노후도 등) 적합 여부 등을 종합적으로 검토하여 판단할 사안으로, 이에 따른 적정 여부는 조합설립인가권자인 귀 구에서 판단할 사항으로 사료됨을 알려드립니다. 끝.

전략주택공급과-6132호(2024.05.09.)

가로구역 요건

➲ 질의요지

가로주택정비사업 가로구역 요건 관련 사업구역과 인접한 주택단지 등이 축대 또는 담장 등으로 단절되어 독립적으로 사용중인 경우, 사업구역과 해당 주택단지 등의 경계부에 도로를 반드시 신설하여야 하는지?

➲ 회신내용

「빈집 및 소규모주택 정비에 관한 특례법 시행령」 제3조제2항에 따라 가로주택정비사업 시행을 위한 가로구역은 국토교통부령으로 정하는 도로 및 시설로 둘러싸인 면적 1만 3천㎡ 이하의 구역으로 규정하고 있어, 사업시행구역과 인접한 토지가 시행규칙 제2조제3항에 규정된 기반시설(공원, 학교, 철도 등)이 아닌 경우 경계부에 6m 이상 도로를 신설해야 가로구역 요건을 충족하여 사업 시행이 가능할 것으로 판단됩니다.

이와 관련, 가로주택정비사업 시행과 관련된 세부적인 사항 및 사업 요건 적정 여부 등은 조합설립인가권자인 해당 자치구청에 문의하여 주시기 바랍니다. 끝.

전략주택공급과-1184호(2024.07.24.)

일반상업지역 내 소규모재개발사업 시행

➲ 질의요지

소규모재개발사업 대상지 요건에 용도지역과 관련된 규정 없이 역세권에서 시행할 수 있다고 되어 있는 바, 일반상업지역에서 소규모재개발사업 추진이 가능한지?

➲ 회신내용

소규모주택정비법 시행령 제3조에 따르면 소규모재개발사업의 대상지 요건은 철도역의 승강장 경계로부터 반경 350m 이내인 지역 또는 준공업지역으로 규정되어 있을 뿐 그 외 용도지역과 관련한 제한 규정을 두고 있지 않으므로, 대상지가 승강장 경계로부터의 거리 및 사업시행구역 면적, 노후도, 접도 요건 등 소규모재개발사업 요건에 적합하면 상업지역에서 소규모재개발사업 추진이 가능할 것으로 판단됩니다. 끝.

공동주택과-4882호(2025.03.27.)

소규모재건축 진입도로 및 하나의 주택단지 인정 기준

➲ 질의요지

(질의1) OO연립에서 「주택건설기준 등에 관한 규정」에 따른 진입도로 확보를 위하여 △△빌라 내에 지구단위계획을 통한 보차혼용통로를 계획 중에 있으며, 「서울특별시 지구단위계획 수립기준」의 보차혼용통로를 「주택건설기준 등에 관한 규정」에 따른 진입도로로 볼 수 있는지?

(질의2) OO연립과 △△빌라를 주택법에 따라 하나의 주택단지로 볼 수 있다고 판단하고, 「도시 및 주거환경정비법」 제2조제7호가목 및 마목에 해당하는 두 개의 주택을 하나의 주택단지로 볼 수 있는지?

➲ 회신내용

(질의1) 「빈집 및 소규모주택 정비에 관한 특례법」 제16조제3항에 따르면 소규모재건축 사업은 진입도로 등 정비기반시설의 설치에 필요한 토지 또는 건축물을 주택단지 면적의 100분의 20 미만의 범위 내에서 해당 토지 또는 건축물을 포함하여 사업을 시행할 수 있도록 되어 있는 바, 여기서 보차혼용통로는 대지 내 통로의 개념으로서 진입도로에는 해당되지 않을 것으로 사료됩니다.

(질의2) 「도시 및 주거환경정비법」 제2조제7호의 주택단지는 주택 및 부대시설·복리시설을 건설하거나 대지로 조성되는 일단의 토지를 말하며, OO성연립과 △△빌라는 각각 별개로 사업계획승인 또는 건축허가를 받은 일단의 토지로서 각각의 주택단지로 보아야 할 것으로 사료됩니다. 끝.

공동주택과-8229호(2025.05.26.)

소규모재건축사업 대상지 인접 노후 다세대 포함

➲ 질의요지

소규모재건축사업 대상지 인접 노후 다세대를 포함하여 사업 추진가능여부

➲ 회신내용

주택단지에 위치하지 아니한 토지 또는 건축물이 진입도로 등 정비기반시설 및 공동이용시설의 설치에 필요한 경우, 건축행위가 불가능한 토지 또는 건축물인 경우 또는 통합심의를 거쳐 부지의 정형화 등을 위하여 필요하다고 인정하는 경우에 주택단지 면적의 100분의 20 미만을 편입하여 사업을 시행할 수 있음을 알려드립니다. 끝.

전략주택공급과-11186호(2025.09.03.)

연변 동의서 발부 후 대상지 내 단독주택 철거로 인한 가로주택정비사업 요건에 미달된 경우 동의서 효력

➲ 질의요지

가로주택정비사업 시행을 위한 동의서 연번 부여한 이후, 대상지 내 단독주택 철거로 인해 가로주택정비사업 요건(기존주택이 모두 단독주택인 경우 10호 이상)에 미달된 경우 기 검인한 연번동의서의 법적 효력 인정 여부

➲ 회신내용

소규모주택정비법 제56조 제1항에 따라 토지등소유자의 동의방법 등에 관하여는 「도시 및 주거환경정비법」 제36조를 준용하고, 해당 조문 및 같은법 시행령 제32조제2항에 따르면 "동의서 검인 신청을 받은 시장·군수등은 동의서 기재사항의 기재 여부 등 형식적인 사항을 확인하고 해당 동의서에 연번을 부여한 후 검인을 하여야 한다"고 되어 있습니다.

또한, 소규모주택정비법 제26조 및 같은법 시행령 제24조제1항제1호에 따라 가로주택정비사업의 요건을 충족하는지 여부에 관한 사항은 건축심의 단계에서 검토하도록 되어 있는바, 해당 요건은 연번 부여 시점이 아닌 건축심의 시점까지 충족하여야 할 것으로 판단되며, 기 검인한 연번동의서에 대한 조치는 귀구의 소관업무와 관련하여 법령에 부합하는 범위에서 귀 구에서 적의처리할 사항임을 알려드립니다. 끝.

1-3 노후·불량건축물 산정

전략사업과-21377호(2022.04.28.)

다가구주택 및 근린생활시설의 노후·불량건축물의 기준 규정

➲ 질의요지

가로주택정비사업 추진시 다가구주택 및 근린생활시설의 노후·불량건축물의 기준 규정

➲ 회신내용

가로주택정비사업의 노후·불량건축물에 관한 기준은 「서울시 빈집 및 소규모주택 정비에 관한 조례」 제2조의2제1항에 따라 「도시 및 주거환경정비법」 및 같은 조례 제4조에서 정하는 바에 따르도록 규정하고 있으며, 공동주택과 공동주택 이외의 건축물로 구분하여 적용하고 있습니다.

따라서, 다가구주택 및 근린생활시설의 경우 공동주택 이외의 건축물에 해당되어 「서울시 도시 및 주거환경정비 조례」 제4조제1항제2호 기준을 적용하시기 바랍니다. 끝.

전략주택공급과-4038호(2023.04.04.)

경과연수 20년인 660㎡ 이하 공동주택을 노후·불량건축물로 보는 기준

➲ 질의요지

「서울특별시 빈집 및 소규모주택 정비에 관한 조례」 제2조의2(노후·불량건축물) 2항에서 660㎡ 이하 공동주택은 경과년수 기준을 20년으로 보고 있는데 660㎡의 구체적인 기준이 무엇인지?(건축물 전체 연면적 합계인지? 한 개층 바닥면적인 건축면적인지?)

➲ 회신내용

모아주택사업을 위한 노후·불량 건축물 기준은 「서울시 빈집 및 소규모주택정비에 관한 조례」 제2조2제2항에서 "소규모주택정비 관리계획 수립을 위한 사업대상지 및 소규모주택정비 관리지역 내에서 주택으로 쓰는 바닥면적 합계가 660㎡ 이하 공동주택의 노후·불량건축물로 보는 경과연수 기준은 20년으로 한다."고 규정하고 있음을 알려드리니 이 점 참고하시기 바랍니다. 끝.

전략주택공급과-2413호(2024.02.20.)

무허가건축물 기존 주택 산정

질의요지

대상지 내 노후·불량건축물이 모두 "무허가건축물"로 구성된 경우, 노후·불량건축물의 산정여부와 기존주택의 호수 또는 세대수의 산정 및 증빙 방법

회신내용

「빈집 및 소규모주택 정비에 관한 특례법」 제2조제1항에서는 이 법에서 따로 정의하지 아니한 용어는 「도시 및 주거환경정비법」에서 정하는 바에 따른다고 규정하고 있는데, 「도시 및 주거환경정비법 시행령」 제2조제3항, 「서울특별시 도시 및 주거환경정비 조례」 제4조에서 규정하는 "노후·불량건축물"에는 무허가건축물이 포함되지 않는 점,

또한 무허가건축물은 관계법령에 의하여 철거되어야 할 것으로 원칙적으로 소유자에게 조합원의 자격이 부여되는 적법한 건축물이 아닌 점(대법원 2009. 10. 29. 선고 2009두12228) 등을 고려할때, 무허가건축물은 노후·불량건축물로 볼 수 없으므로 기존주택의 세대수 산정 대상에 해당되지 않음을 알려드립니다. 끝.

제2장

소규모주택정비 관리계획

2-1 소규모주택정비 관리계획 수립

전략주택공급과-10788호(2023.09.07.)

지구단위구역 내 모아타운 관리계획 수립 시 지구단위계획 변경 선행 여부

질의요지

지구단위계획구역 내 모아타운 관리계획 수립 시, 지구단위계획 변경 절차 선행 여부

회신내용

모아타운 관리계획("이하 관리계획")은 「빈집 및 소규모주택 정비에 관한 특례법」에 따라 '소규모주택정비 관리계획'을 활용하는 것으로 관리계획(안)을 마련후 관련부서 협의 시 해당 지구단위계획을 검토 후 진행하게 됩니다. 이후 같은 법 제43조의4에 따라 관리계획에 대한 승인·고시가 있는 경우, 「국토의 계획 및 이용에 관한 법률」에 따라 지구단위계획구역 및 지구단위계획으로 결정·고시된 것으로 보도록 되어 있음을 알려드립니다. 끝.

전략주택공급과-13142호(2023.11.01.)

모아타운 내 통과도로(6m 초과) 폐도

질의요지

「빈집 및 소규모주택 정비에 관한 특례법」 제2조제1항제9호에 따른 '소규모주택정비 관리지역(이하 관리지역)'에서 「빈집 및 소규모주택 정비에 관한 특례법」 제2조제1항제3호나목에 따른 '가로주택정비사업' 추진 시 관리지역 내 새롭게 가로구역을 설정하였을 시 기존 통과도로(6m 초과) 폐도 가능여부

회신내용

해당 통과도로는 「국토의 계획 및 이용에 관한 법률」에 따른 도시·군계획시설인 도로(같은 법 제32조제4항에 따라 신설·변경에 관한 지형도면의 고시가 된 도로를 포함)이며, 소규모주택정비 관리계획(이하 "관리계획") 수립 시 도시·군관리계획의 수립 및 변경이 가능한 사항입니다.

관리계획을 수립중인 지역의 가로구역 내 6m를 초과하는 도시계획시설도로가 있을 경우 사업여건 및 합리적 토지이용계획을 위해 필요 시 관리계획으로 기존 도시계획시설 도로 변경(폐지)을 통해 폐도가 가능할 것으로 사료됩니다. 끝.

전략주택공급과-6922호(2025.06.05.)

모아타운 사업시행구역 산정기준

➲ 질의요지

모아타운 내에서 공동주택 용지 2만㎡와 기부채납 예정인 도로, 공원 등 도시계획시설 용지 3천㎡를 하나의 사업시행구역으로 계획 가능한지?

➲ 회신내용

「빈집 및 소규모주택 정비에 관한 특례법 시행령」 제1항에 가로주택정비사업, 소규모재건축사업, 소규모재개발사업의 사업시행구역 면적 상한을 각각 규정하고, 같은조 제3항에 법 제43조제2항·제3항에 따라 사업시행자가 새로 설치하는 정비기반시설이 그 시설을 관리할 국가 또는 지방자치단체에 귀속되는 경우에는 해당 시설의 면적을 사업시행구역의 면적에 산입하지 않도록 규정하고 있습니다. 끝.

2-2 소규모주택정비 관리계획 변경·해제

전략주택공급과-3081호(2024.09.04.)

관리계획과 다르게 조합설립인가를 받은 경우, 인가 취소 여부

질의요지

모아타운 관리계획이 승인·고시된 지역에서 관리계획상 사업가능구역과 다른 구역계로 조합설립인가 된 후 관리계획 변경 수립 내용과 다른 경우 조합설립인가가 취소되는 것인지?

회신내용

이 사안의 경우 조합설립인가 내용과 관리계획의 내용이 상이하다는 사유로 조합설립인가가 취소되지는 않습니다.

「빈집 및 소규모주택 정비에 관한 특례법」 제23조의2에서는 조합이 설립된 사업시행구역에서 조합원 과반수의 동의로 조합의 해산을 요청하는 경우, 조합설립인가를 받은 날부터 2년 이내에 건축심의 또는 통합심의를 신청하지 아니한 경우 등 조합설립인가를 취소할 수 있는 경우에 대하여 명시하고 있는바, 관리계획의 내용과 조합설립인가 내용이 다른 것은 조합설립인가를 취소할 수 있는 사유에 해당하지 않습니다.

한편 「소규모주택정비 관리계획 수립 지침」(국토교통부고시 제2022-36호)에서는 관리지역 내 소규모주택정비사업의 추진상황 등을 검토하고, 그 결과를 반영하여 관리계획을 변경한다고 규정하고 있으므로, 관리계획은 관리지역 내 소규모주택정비사업의 추진현황 등 필요성과 계획의 적정성을 고려하여 유연하게 수정할 수 있는 계획으로 볼 수 있을 것입니다.

그 외 조합설립 및 관리계획 변경 등 자세한 사항에 관하여서는 조합설립인가권자(관리계획 수립권자)인 자치구청장에 문의하여 주시기 바랍니다. 끝.

전략주택공급과-1185호(2025.01.31.)

소규모주택정비 관리지역 해제

➲ 질의요지

소규모주택정비 관리지역 해제 방법은?

➲ 회신내용

「빈집 및 소규모주택 정비에 관한 특례법」 제43조의6제1항 규정과 관련하여 관리계획 승인고시일부터 3년 이내라고 하더라도 관리계획 수립 목적 달성할 수 없다고 인정되는 경우 심의를 거쳐 해제 가능한지 국토부 질의 결과, 소규모주택정비 관리지역 지정고시일부터 3년 경과 후 사업추진 없는 지역에 한해 제한적으로 해제 검토 가능하다고 회신되었습니다. [국토교통부 도심주택공급협력과-2786(2024.8.13.) 참조]

따라서, 현재로서는 관리계획 승인고시 후 3년이 경과하지 않은 소규모주택정비 관리지역의 해제는 법적근거 마련 전까지는 어려울 것으로 판단되나, 신속한 주민갈등 해소를 위해 사업가능구역 제척 또는 구역계 조정 등 소규모주택정비 관리계획의 변경은 가능함을 알려드립니다. 끝.

전략주택공급과-5289호(2025.04.23.)

모아타운 반대 동의율 산정 방법

질의요지

(질의1) 모아타운 자치구 공모 시 3개 사업시행구역으로 대상지 선정되었으나, 관리계획 수립하면서 1개 구역으로 통합되었을 경우, 모아타운 반대 비율은 3개 구역별로 산정해야 하는지, 아니면 1개구역 전체를 기준으로 산정해야 하는지? 3개 사업 구역별로 반대비율을 산정할 경우, 구역별로 해제가 가능한지?

(질의2) 반대 비율 산정을 위한 토지면적에 국·공유지와 존치 구역을 포함하여 산정하는지 아니면 제외하여 산정하는지 여부

회신내용

(질의1) 「서울시 모아타운 관리계획 수립지침」에 따라 모아타운 자치구 공모 시 사업구역은 관리계획 수립단계에서 전문가 자문 등을 거쳐 조정 가능하며, 관할 자치구에서 관리계획(안)을 수립하여 주민공람 등을 진행하였을 경우 반대비율 산정은 해당 관리계획(안) 상의 사업가능구역을 기준으로 산정하는 것이 타당한 것으로 판단됩니다.

(질의2) 「모아주택·모아타운 갈등방지 세부실행계획('24.7.)」에 따르면 주민제안 동의율 산정 시 국공유지는 제외하도록 규정되어 있고, 반대 비율은 사업예정구역을 기준으로 산정하도록 되어 있는바, 반대비율 산정 시 국·공유지와 사업가능구역 외(존치구역 등) 토지는 제외하고 산정하는 것이 타당한 것으로 판단됩니다. 끝.

전략주택공급과-5965호(2025.05.12.)

관리계획 승인 고시 후 갈등방지 세부실행계획을 적용하여 사업시행구역 제외

➊ 질의요지

소규모주택정비 관리계획 승인 고시 후에도 「모아주택 모아타운 갈등방지 세부실행계획」의 '계획 수립 중 대상지 철회 요건'을 적용하여 사업시행구역을 제외할 수 있는지, 이 경우 필요한 서류와 절차

➋ 회신내용

「모아주택 모아타운 갈등방지 세부실행계획」에 규정된 바와 같이 관리계획 승인고시 후에도 '소규모주택정비 관리계획의 변경을 통한 구역 조정'이 가능하며,

이 경우 관리계획 수립권자인 관할자치구의 판단 하에 반대 비율 등 '대상지 철회 요건'을 준용할 수 있으며, 관리계획의 변경 시 절차 및 서류 등은 관리계획 수립 및 승인 절차시와 동일함을 알려드립니다. 끝.

2-3 주민제안

전략주택공급과-5000호(2023.04.24.)

토지를 여럿이 공유할 때의 동의기준

질의요지

모아타운 주민제안 신청시 토지면적의 3분의 2이상 주민동의를 얻어 신청하도록 하고 있음. 이 경우 토지가 공유지분으로 되어 있는 경우 공유자 중 일부만 동의를 하여도 일부 동의한 자의 토지면적을 동의면적에 포함할 수 있는지? 아니면 도시정비법에 따라 공유자 여럿을 대표하는 1인을 토지등소유자로 산정해서 그 대표자가 동의를 하여야 동의면적에 포함할 수 있는지 여부

회신내용

우리시 모아타운 주민제안 신청요건은 국공유지를 제외한 토지면적의 3분의 2이상 주민동의를 얻어 신청하도록 하고 있으며, 이는 모아주택사업에 대한 주민들의 추진의지가 크고 신속한 사업추진이 가능한 지역에서 위 동의조건을 충족하여 모아타운을 신청하라는 취지임을 알려드립니다.

따라서, 공동주택 등 집합건물인 경우 구분소유자의 토지 지분 면적을 토지면적으로 인정할 수 있으나, 그 외 1개 필지의 토지를 여럿이 공유할 때에는 그 여럿이 모두 동의하는 경우에 한해 동의하는 토지면적에 산입이 가능할 것으로 판단됩니다. 끝.

전략주택공급과-12058호(2023.10.10.)

동의율 산정 시 국공유지 처리 기준

질의요지

모아타운 관리계획 수립을 주민제안 방식으로 추진할 경우, 토지등소유자 동의율을 토지면적의 2/3이상 확보시, 국공유지 면적이 포함되는지?

회신내용

모아타운 관리계획 수립을 주민제안으로 추진 시, 조합이 설립된 경우에는 별도의 토지등소유자의 동의를 확보하지 않아도 됩니다. 조합이 설립되지 않은 경우에는 국공유지를 면적을 제외한 모아주택 사업시행 예정지의 토지면적의 2/3이상 동의가 필요합니다. 끝.

전략주택공급과-14001호(2023.11.22.)

주민제안 모아타운 동의율 산정 방법

➲ 질의요지

모아타운 주민제안 방식 추진 시 모아타운 내 2개의 사업시행예정구역이 있는 경우 주민동의기준은 사업구역별 토지면적 2/3 이상 동의서를 징구하여야 하는건지? 아니면 신청하고자 하는 모아타운 전체 토지면적의 2/3 이상 동의를 받아야 하는지?

➲ 회신내용

모아타운 주민제안 방식의 경우 사업시행예정지 각각의 대상 토지면적 2/3 이상 토지등소유자 동의(국·공유지 제외)를 얻어 관할 자치구에 주민제안 신청 가능하며, 시에서 전문가 사전자문을 통하여 관리계획 수립을 위한 적정 대상범위를 결정하고 있는 사항임을 알려드리니 참고하시기 바랍니다. 끝.

전략주택공급과-4626호(2024.10.10.)

주민제안 동의 요건

➲ 질의요지

모아타운 주민제안 동의 요건

➲ 회신내용

우리시는 '24.7.19. 모아주택·모아타운 내 주민간 갈등해소, 투기세력 유입 차단을 위해 "갈등방지 세부실행계획"을 수립하였고, 이를 통해 모아타운 주민제안추진을 위한 자문동의기준을 토지등소유자 60% 및 토지면적 1/2으로 변경하였습니다.

또한, 모아타운 내 노후도 산정 시 노후불량 건축물 소유자 동의가 2/3 미만인 경우, '22년 이후 매입한 건축물 소유자 동의율이 30% 이상인 경우, 토지등소유자 25% 또는 토지면적 1/3 이상이 반대하는 경우에는 전문자 자문 또는 위원회 심의시 모아타운 주민제안을 불허하는 기준을 추가로 신설하였음을 알려드립니다. 끝.

전략주택공급과-7119호(2024.12.06.)

관리계획 수립범위 전문가 자문 이행 사유

➲ 질의요지

모아타운 주민제안 추진 시, 관리계획 수립범위 자문을 진행하는 이유

➲ 회신내용

모아타운 주민제안 방식은 주민이 직접 관리계획을 수립하여 자치구에 제안하기 때문에 관리계획(안) 수립을 위한 비용, 시간 등이 불가피하게 소요될 수 밖에 없습니다.

따라서, 우리 시는 관리계획 수립범위에 관한 주민 혼선을 방지하고자 모아타운 주민제안 단계별 세부기준을 마련하였습니다.

우선, 주민들이 관리계획(안)을 제안하기 전에 전문가 자문회의를 통해 주민이 제안한 관리계획 수립범위가 적정한지를 먼저 판단하고, 적정하다고 판단되는 경우에 관리계획(안)을 추후 수립하여 제안할 수 있도록 제도를 운영하고 있습니다. 끝.

전략주택공급과-385호(2025.01.09.)

주민제안 관리계획 수립범위 전문가 사전자문 내용 등

➔ 질의요지

(질의1) 모아타운 주민제안 관리계획 수립범위 전문가 사전자문에서 사업시행구역(예정) 및 존치구역 등을 모두 포함하여 관리계획 수립범위의 적정성을 판단하는지?

(질의2) 관리계획 수립범위 결정를 위한 전문가 사전자문에서 사업시행구역(예정)별 찬·반 동의율은 고려하지 않고, 모아타운(관리계획 수립범위) 전체의 찬·반 동의율만 고려하여 심사하는게 맞는지?

➔ 회신내용

(질의1) 모아타운 주민제안 관리계획 수립범위 결정을 위한 전문가 사전자문에서는 주민이 신청한 모아타운 대상지(사업시행구역(예정) 및 존치구역 등 포함)에 대해 노후도, 찬·반 동의율 및 사업실현성 등을 종합적으로 고려하여 '관리계획 수립범위(모아타운 전체의 범위)'가 적정한지를 판단하는 것으로, 적정하다고 판단되는 경우에는 주민들은 관리계획(안)을 수립하여 제안할 수 있습니다.

(질의2) 모아타운 주민제안 관리계획 수립범위 결정을 위한 전문가 사전자문 요청을 위한 동의요건만 있을뿐, 전문가 사전자문에서 주민 동의율을 구체적으로 어떻게 고려하여 심사하는지에 대해서는 정해진 바가 없습니다. 다만, 일반적으로 사업시행구역(예정)별 찬·반 동의율 및 도로변(상가 多) 동의 현황 등 대상지 전체의 동의 현황이 종합적으로 고려되고 있음을 알려드립니다. 끝.

전략주택공급과-1204호(2025.01.31.)

주민제안 모아타운 관리계획 수립범위 확대 시 동의기준

➔ 질의요지

주민제안 모아타운 관리계획 수립범위 확대시 동의기준

➔ 회신내용

모아타운 내 사업시행구역별 토지등소유자 60% 및 토지면적 1/2 이상 동의 필요하며, 조합이 기설립된 경우, 조합총회에서 의결시 주민제안 동의서 징구 갈음이 가능합니다.

관리계획 수립 중 연접한 일부지역까지 관리계획 수립범위가 확대되는 경우 확대되는 구역의 토지등소유자 60% 및 토지면적 1/2 이상 동의가 필요함을 알려드립니다. 끝.

전략주택공급과-5254호(2025.04.22.)

동의율 산정 시 소재불명자 처리 기준

질의요지

모아타운 주민제안을 위한 동의율 산정 시 토지면적 동의율 계산에서 소재불명자 소유 필지는 제외하고 동의율을 산정할 수 있는지?

회신내용

모아타운 주민제안 동의율 산정 시 소재불명자에 대한 내용은 별도로 규정되어있지 않음을 알려드립니다.

다만, 「빈집 및 소규모주택 정비에 관한 특례법」(이하 '소규모주택정비법') 제56조제1항에 따르면 토지등소유자의 동의방법 등에 관하여 「도시 및 주거환경정비법」(이하 '도시정비법') 제27조, 제36조 및 제37조를 준용한다고 규정되어 있고, 도시정비법 제36조제4항은 토지등소유자의 동의자 수 산정 방법 및 절차 등에 필요한 사항은 대통령령으로 정한다고 규정하고 있으며,

도시정비법 시행령 제33조제1항제4호는 토지건물등기사항증명서, 건물등기사항증명서, 토지대장 또는 건축물관리대장에 소유자로 등재될 당시 주민등록번호의 기록이 없고 기록된 주소가 현재 주소와 다른 경우로서 소재가 확인되지 아니한 자는 토지등소유자의 수 또는 공유자 수에서 제외할 것으로 규정하고 있습니다.

모아타운 주민제안 동의율 산정의 취지를 고려할 때, 소규모주택정비법 및 도시정비법에 규정된 토지등소유자의 동의방법을 준용하는 것이 타당할 것으로 사료됩니다. 보다 자세한 내용은 소규모주택정비 관리계획의 입안권자인 관할 자치구청장에게 문의하시기 바랍니다. 끝.

전략주택공급과-5453호(2025.04.28.)

모아타운 구역 축소 후 재신청 시, 기존 동의서의 효력

질의요지

자치구에 모아타운 주민제안 최초 신청한 이후 반대하는 토지등소유자 토지를 일부 제척하고 구역 면적을 축소 조정하여 재신청할 경우 동의서를 새롭게 징구해야 하는지 (당초 면적 12,120㎡ ⇒ 변경 후 면적 10,655㎡)

회신내용

모아타운 주민제안 방식의 경우 주민이 주민제안 신청 동의서와 개략적인 사업계획서를 작성하여 자치구에 제출하도록 하고 있으며,

동의서 징구 시 토지등소유자에게 모아주택 및 모아타운에 대한 사항을 설명 하고 동의서를 징구하도록 하고 있어, 구역 면적 등 사업계획이 변경되었을 경우 동의서를 새롭게 징구하는 것이 타당한 것으로 판단됩니다.

다만, 반대하는 토지등소유자 일부 제척 등으로 구역계가 축소되는 경우, 기존 동의한 토지등소유자 등에게 계획내용 변경에 대한 안내가 충분히 되었다고 자치구청장이 인정하는 경우 기존 징구한 주민제안 동의서로 갈음이 가능할 것으로 사료됩니다. 끝.

전략주택공급과-8450호(2025.07.08.)

22년 이후 매입한 건축물 소유자 동의율 산정 시, 상속 등의 '매입' 포함 여부

질의요지

모아타운 주민제안 검토기준 중 '22년 이후 매입한 건축물 소유자 동의율 산정 시 매매가 아닌 상속, 증여, 유증 등의 경우가 포함되는지

회신내용

모아타운 주민제안 검토기준 중 '22년 이후 매입한 건축물 소유자 동의율이 30% 이상인 경우 주민제안을 불허하는 기준은 원주민 참여를 확대하고 외부 투자자 등에 의한 모아타운 추진을 지양하고자 하는 사항으로, 소유자의 사망으로 인한 상속·유증 등을 제외한 매매·증여 등은 포함하여 산정하는 것이 바람직할 것으로 판단됩니다. 끝.

전략주택공급과-8675호(2025.07.14.)

모아타운 주민제안 동의율 산정 방법

질의요지

모아타운 주민제안 신청 시 조합이 설립되지 않은 구역들은 전체에 대해 동의율을 산정해야 하는지? 또는 각 구역별로 나누어 동의율을 산정해야 하는지?

회신내용

모아타운 주민제안 신청 시 조합이 설립되지 않은 구역은 개별 사업가능구역에 각각에 대해 동의율을 산정하여야 함을 알려드립니다. 끝.

전략주택공급과-8948호(2025.07.17.)

주민제안 모아타운 동의율 산정 시 국공유지

질의요지

모아타운 주민제안 동의율 산정 시 국공유지 면적은 제외하는지?

회신내용

모아주택 모아타운 갈등방지 세부실행계획에 따라 주민제안 모아타운 구역범위 자문 요청 시 주민 동의율(토지등소유자 60% 및 구역 면적 2분의 1)을 충족하여야 하며, 동의율 산정 시 국공유지 면적은 제외하여 산정합니다. 끝.

전략주택공급과-11757호(2025.09.15.)

주민제안 모아타운 동의서 징구 시 법인인 토지등소유자의 제출 서류

질의요지

주민제안 모아타운동의서 징구 시 법인인 토지등소유자의 제출 서류

회신내용

'모아타운 관리계획 수립대상지 주민제안 신청에 대한 동의서' 양식에 기재되어 있는 첨부서류로는 신분증명서(주민등록증, 여권 등) 사본으로 되어 있고 법인인 경우 에는 별도 명시되어 있지 않으나,

소규모주택정비법에서는 토지등소유자의 동의방법으로 도시정비법 제36조를 준용하도록 하고 있고, 상기법령에 따르면 ① 동의의 방법으로 신원 확인 가능한 신분증명서의 사본을 첨부해야 하고 ② 토지등소유자가 법인인 경우 등 불가피한 사유가 있을 시 해당 인감증명서를 첨부하는 방법으로 동의할 수 있도록 정하고 있는 바, 법인인감증명서와 법인사업자등록증 사본을 첨부자료로 제출함이 가능할 것으로 판단되오니 이 점 참고하시기 바랍니다. 끝.

2-4 관리지역 내 권리산정기준일

전략주택공급과-1379호(2024.01.30.)

자치구 공모 방식 모아타운 권리산정기준일

➋ 질의요지

모아타운 대상지 선정 시 권리산정기준일

➋ 회신내용

우리시는 모아타운 대상지 공모 시, 해당지역의 부동산 투기 등 방지대책의 일환으로 「빈집 및 소규모주택 정비에 관한 특례법」 제28조의2 및 제43조의4에 따라 권리산정기준일을 고시하고 있습니다.

재개발은 정비구역 전체를 철거하고 사업을 시행하는 방식에 비해 모아타운은 구축·신축이 혼재되어 있어 정비가 필요한 일부 또는 블럭단위로 사업이 추진되는 방식으로 정비방식 특성 및 투기방지와 선의의 피해자 구제 등을 종합적으로 고려하여 권리산정기준일을 따로 정한 사항임을 알려드립니다. 끝.

전략주택공급과-1743호(2024.08.06.)

주민제안 모아타운 권리산정기준일

➋ 질의요지

주민제안 모아타운 추진 시, 주택 등 분양 받을 권리산정기준일

➋ 회신내용

주민제안 모아타운 관리계획 수립범위 자문요청 시, 권리산정기준일은 주민이 자치구청장에게 신청한 접수일(주민요청 시) 또는 자치구가 서울시로 전문가 자문을 요청한 날을 기준일로 앞당겨 정하도록 되어 있음을 알려드립니다. 끝.

제3장

소규모주택정비사업의 시행 및 계약

3-1 소규모주택정비사업 시행

전략주택공급과-1705호(2022.09.29.)

지정개발자 지정 동의서 징구 시 검인동의서 사용 여부

질의요지

「빈집 및 소규모주택 정비에 관한 특례법(이하 '소규모주택정비법'이라 함)」 제19조에 따라 신탁업자(지정개발자) 지정 동의서를 받아 사업을 추진하고자 할 경우 동법 시행령 제22조의2에 따라 검인 절차를 수행하여야 하는지

회신내용

지정개발자를 정하는 경우 동의방법에 관한 사항은 소규모주택정비법 제25조제1항에 따라 "서면동의서에 토지등소유자가 성명을 적고 지장(指章)을 날인하는 방법으로 하며, 주민등록증, 여권 등 신원을 확인할 수 있는 신분증명서의 사본을 첨부하여야 한다. 이 경우 시장·군수등이 대통령령으로 정하는 방법에 따라 검인(檢印)한 서면동의서를 사용하여야 하며, 검인을 받지 아니한 서면동의서는 그 효력이 발생하지 아니한다."고 규정하고 있으며, 이 경우 동법 시행령 제22조의2에 따른 토지등소유자 동의서 검인방법을 따라야 함을 알려드립니다. 끝.

전략주택공급과-430호(2023.01.11.)

소규모주택정비사업의 공동사업시행자

질의요지

(질의1) 소규모주택정비법(이하 “소정법”) 제 17조(소규모주택정비사업의 시행자)에서 가로주택정비사업의 조합이 “시장·군수등, 토지주택공사등, 건설업자, 등록사업자, 신탁업자, 부동산투자회사”중 하나와 공동으로 사업시행을 할 수 있도록 정하면서, 해당 대상들의 세부적인 정의를 제시하지 않았는데 어떤 기준으로 해당 대상 여부를 판단해야 할지?

(질의2) 공동시행자 선정을 소규모주택정비법 제20조 시공자 선정과 같이 정비사업 계약업무처리기준(국토교통부 고시 제2020-1182)을 적용하지 않고, 수의계약(도급계약)으로 진행함이 타당한지?

회신내용

동법 타 조문(제10조(빈집정비사업의 시행자))에서 각 대상별 판단 기준을 명확하게 제시하고 있으니 확인하시기 바랍니다. 예를 들어, 제10조에서 “「건설산업기본법」 제9조에 따른 건설사업자(이하”건설업자”라 한다)”라고 하였으므로 질의 대상 조문인 제17조의 건설업자 역시 「건설산업기본법」 제9조에 따른 건설사업자를 의미합니다.

소정법에 따르면 해당 조합이 조합원의 과반수의 동의를 받으면 제17조에 제시된 주체들와 공동으로 시행할수 있으며, 계약 방식에 대하여는 특정하고 있지 않습니다. 끝.

전략주택공급과-3915호(2023.04.03.)

지정개발자를 사업시행자로 지정할 때, 조합설립인가 선행 여부

질의요지

지정개발자를 선정하여 가로주택정비사업을 시행할 경우 「빈집 및 소규모주택 정비에 관한 특례법」제19조 제1항에 따라 지정개발자를 사업시행자로 지정할 때, 조합설립인가를 선행하지 않아도 되는지?

회신내용

「빈집 및 소규모주택 정비에 관한 특례법」 제19조제1항에 따라 "시장·군수등은 가로주택정비사업, 소규모재건축사업 또는 소규모재개발사업의 조합설립을 위하여 제23조에 따른 조합설립 동의요건 이상에 해당하는 자가 대통령령(사업시행구역 면적의 3분의 1 이상의 토지를 신탁받은 신탁업자)으로 정하는 요건을 갖춘 신탁업자(이하"지정개발자"라 한다)를 사업시행자로 지정하는 것에 동의하는 때에는 지정개발자를 사업시행자로 지정하여 해당 사업을 시행하게 할 수 있다."라고 규정하고 있어 별도의 조합설립인가를 요하지 않음을 알려드립니다. 끝.

전략주택공급과-7181호(2023.06.16.)

소규모주택정비사업 공동시행자 자격 요건

질의요지

소규모주택정비사업 공동시행자의 자격 요건

회신내용

「빈집 및 소규모주택 정비에 관한 특례법」 제17조제3항에 따르면 가로주택정비사업 조합은 조합원 과반수의 동의를 받아 시장·군수 등, 토지주택공사 등, 건설업자, 등록사업자, 신탁업자, 부동산투자회사와 공동으로 시행할 수 있다고 규정하고 있습니다.

한편, 건설업자, 등록사업자, 신탁업자, 부동산투자회사에 관한 사항은 동법 제10조제1항에서 정의하고 있으며, '건설업자'는 「건설산업기본법」 제9조에 따른 건설사업자, '등록사업자'는 「주택법」 제7조제1항에 따라 건설업자로 보는 등록사업자, '부동산투자회사'는 「부동산투자회사법」 제2조제1호에 따른 부동산투자회사로 각각 규정하고 있습니다.

따라서, 가로주택정비사업 조합이 공동시행으로 사업 추진할 경우 법에서 규정하고 있는 공동시행자와 사업추진해야 함을 알려드리니 업무에 참고하시기 바랍니다. 끝.

공동주택지원과-17080호(2023.09.22.)

소규모재건축 정비사업전문관리업자 선정기준

➲ 질의요지

소규모재건축사업 조합이 정비사업전문관리업자 선정할 때 기준

➲ 회신내용

「빈집 및 소규모주택 정비에 관한 특례법」 제21조(정비사업전문관리업자의 등록 및 선정 등) 제2항에 따르면 조합 총회에서 「소규모주택정비사업의 시공자 및 정비사업전문관리업자 선정기준(국토교통부고시 제2022-387호,2022.6.28)」에 따라 경쟁입찰 등의 방법으로 선정하도록 규정하고 있음을 알려드립니다. 끝.

전략주택공급과-11767호(2023.09.27.)

소규모정비사업의 서울시 표준 규정의 의무 적용

➲ 질의요지

소규모주택정비법에 의한 소규모재건축사업, 가로주택정비사업의 경우 서울시가 고시한 서울시 정비사업 표준선거관리규정, 회계규정, 정비사업행정업무규정을 의무적으로 적용해야 하는지 여부

➲ 회신내용

서울시 정비사업 표준선거관리규정, 회계규정, 정비사업행정업무규정은 「서울시 도시 및 주거환경정비조례」 제76조 및 제83조에 따라 서울시에서 고시하여 운용중인 사항이며, 소규모주택정비법 및 「서울시 소규모주택정비에 관한 조례」에는 해당사항에 대한 별도의 준용기준을 적용하고 있지 않으므로 소규모주택정비사업에서 이를 의무적으로 적용하는 사항은 아니며 필요시 조합에서 준용하여 운영할 수 있습니다.

다만, 소규모주택정비 조례 제24조에 따라 토지등소유자 수가 100명 이상으로서 조합이 시행하는 가로주택정비사업 또는 소규모재건축사업에 대하여는 도시정비법 제118조 및 도시정비조례 제73조에 따른 공공지원 대상사업으로 보도록 규정하고 있는 바, 이 경우 질의하신 표준선거관리규정, 회계규정, 정비사업행정업무규정을 적용하여 사업을 추진하시기 바랍니다. 끝.

공동주택지원과-22127호(2023.12.13.)

소규모주택정비사업의 시공자 및 정비사업전문관리업자 선정기준

➲ 질의요지

「소규모주택정비사업의 시공자 및 정비사업전문관리업자 선정기준」(국토교통부 고시)에 따라서 조합이 3명 이상의 정비사업전문관리업자를 지명하여 선정이 가능한지?

➲ 회신내용

소규모주택정비법 제21조제3항에 따라 "조합은 정비사업전문관리업자를 선정하는 경우 조합 총회에서 「소규모주택정비사업의 시공자 및 정비사업전문관리업자 선정기준」에 따른 경쟁입찰 또는 수의계약의 방법으로 선정하여야 한다"라고 규정하고 있습니다.

다만, 「소규모주택정비사업의 시공자 및 정비사업전문관리업자 선정기준」 제4조에 따라서 조합이 소규모주택사업의 정비사업전문관리업자를 지명경쟁입찰을 통해 선정하는 경우 3인 이상의 입찰대상자를 지명하여야 하며, 2인 이상의 입찰참가 신청이 있는 경우에 한해 유효한 입찰이 성립됨을 알려드립니다. 끝.

전략주택공급과-1180호(2024.07.24.)

건축협정 체결을 위한 합의 방법

➔ 질의요지

「건축법」 제77조의4제1항에서는 토지 또는 건축물의 소유자등의 전원의 합의로 건축협정을 체결할 수 있다고 규정하고 있는데, 이때 모아타운에서 가로주택정비사업 조합설립인가 이후 「건축법」 제77조의4제1항에 따른 건축협정을 체결하고자 할 때, 전원의 합의란 조합설립동의자 전원의 합의인건지 아니면 사업구역 내 전체 토지등소유자의 합의인건지?

➔ 회신내용

건축협정의 체결은 「건축법」 제77조의4 및 「서울특별시 건축조례」 제35조의3에서 정하는 지역 또는 구역에서 '소유자등'의 전원의 합의가 필요한데, 「빈집 및 소규모주택 정비에 관한 특례법」 제24조제1항에서는 조합원은 토지등소유자(소규모재건축사업의 경우에는 소규모재건축사업에 동의한 자만 해당한다)로 한다고 규정하고 있으므로, 가로주택정비사업 조합설립인가 이후 건축협정 합의 당사자인 '소유자등'은 「빈집 및 소규모주택 정비에 관한 특례법」 제24조에 따른 조합원으로 볼 수 있을 것입니다.

다만, 가로주택정비사업조합은 사업시행계획인가의 고시가 있은 때에는 사업구역 내 토지 또는 건축물등에 관한 사용·수익권을 취득할 수 있으므로 조합간 건축협정을 체결하고자 할 때에는 사업시행계획인가를 받는 조건 등으로 사업시행계획인가권자인 자치구에 판단 하에 조합원 전원의 동의가 아닌 조합의결을 통해서도 가능할 것으로 보이며, 구체적인 사항에 대해서는 인가권자인 구청장에 문의하여 주시기 바랍니다. 끝.

전략주택공급과-2004호(2024.08.12.)

건축협정 체결 대상

질의요지

모아타운 내 사업시행자간의 건축협정 체결 시, 사업시행자인 지정개발자가 「건축법 시행령」 제110조의3에서 건축협정을 체결할 수 있는 대상에 해당이 되는지 여부?

「건축법」 제77조의4제1항에서 규정한 건축협정 체결을 위한 전원 합의의 대상은?

회신내용

「건축법 시행령」 제110조의3에의거 건축협정대상은 아래와 같이 규정하고 있으나,

서울특별시 건축조례 제35조의3(건축협정의 체결)

① 법 제77조의4제1항제5호에 따른 도시 및 주거환경개선이 필요하다고 인정하는 구역은 다음 각 호 중 어느 하나에 해당하는 지역 또는 구역을 말한다. <개정 2018.7.19., 2025.3.27.>

1. 「도시 및 주거환경정비법」에 따른 재개발사업 및 재건축사업을 위한 정비구역(정비예정구역을 포함한다)이 해제된 구역
2. 「도시재생 활성화 및 지원에 관한 특별법」에 따른 도시재생활성화지역
3. 「빈집 및 소규모주택 정비에 관한 특례법」에 따른 소규모주택정비사업을 시행하는 구역(구역간 건축협정을 체결하는 경우를 포함한다)

「빈집 및 소규모주택 정비에 관한 특례법」 제19조제1항에 의거 사업시행자로 지정된 지정개발자는 사업시행계획이 인가되면 사업구역 내 토지 또는 건축물 등에 관한 사용·수익권을 취득할 수 있으므로, 건축협정을 체결하고자 할 때에는 사업시행계획인가를 받는 조건 등 자치구 재량 하에 사업시행자를 건축협정대상자로 볼 수 있을 것으로 사료됩니다. 끝.

전략주택공급과-3739호(2024.09.20.)

정비사업 계약업무 처리기준 준용

질의요지

소규모주택정비사업 시행 시에도 「도시 및 주거환경정비법」에 따른 「정비사업 계약업무 처리기준」(국토교통부 고시)을 따라야 하는 것인지?

회신내용

「빈집 및 소규모주택 정비에 관한 특례법」 제20조 및 같은 조에서 위임한 「소규모주택정비사업의 시공자 및 정비사업전문관리업자 선정기준」(국토교통부고시 제2022-387호, 2022.06.28.)에서 소규모주택정비사업 시행 시 시공자 및 정비사업전문관리업자 선정에 관하여 필요한 사항을 정하고 있으므로 이를 따르는 것이 적정할 것이나,

「소규모주택정비사업의 시공자 및 정비사업전문관리업자 선정기준」 제2조제2항에서는 조합이 소규모주택정비사업의 시공자 등을 선정 시 「도시 및 주거환경정비법」에 따른 「정비사업 계약업무 처리기준」 제2조부터 제39조까지를 준용한다고 규정하고 있으므로, 필요 시 「정비사업 계약업무 처리기준」을 적용하게 될 것으로 판단됩니다. 끝.

전략주택공급과-4812호(2024.10.15.)

소규모주택정비사업의 사업대행자 지정 규정

질의요지

소규모주택정비법 제19조제1항에 따르면 소규모주택정비사업에서 조합설립 동의요건 이상에 해당하는 자가 같은 법 시행령 제17조에 따라 사업시행구역 면적의 3분의 1 이상의 토지를 신탁받은 신탁업자(지정개발자)를 사업시행자로 지정하여 해당 사업을 시행하게 할 수 있다고 규정하고 있고,

소규모주택정비법 제56조(「도시 및 주거환경정비법」의 준용) 제1항에 따르면 소규모주택정비사업의 사업대행자 지정에 관하여는 「도시 및 주거환경정비법」 제28조를 준용하도록 규정하는 바,

지정개발자를 사업대행자로 지정할 경우 3분의 1 신탁등기를 받아야 하는지?

회신내용

소규모주택정비사업의 지정개발자 지정은 「빈집 및 소규모주택 정비에 관한 특례법」 제19조 규정에 의거 조합설립 동의요건 이상에 해당하는 자가 사업시행구역 면적의 1/3이상의 토지를 신탁받은 신탁업자를 사업시행자로 지정하는 것에 동의하는 때에는 지정개발자를 사업시행자로 지정하여 사업을 시행하게 할 수 있도록 되어 있으며,

같은 법 제56조 준용 규정에 의거 「도시 및 주거환경정비법」 제28조에 따라 시장·군수등은 토지등소유자(조합을 설립한 경우에는 조합원을 말한다.)의 과반수 동의로 요청하는 경우 등은 조합 또는 토지등소유자를 대신하여 직접 정비사업을 시행하거나, 지정개발자(「도시 및 주거환경정비법 시행령」 제21조 규정에 의거 요건을 갖춘 자)에게 해당 조합 또는 토지등소유자를 대신하여 정비사업을 시행하게 할 수 있도록 되어 있습니다.

따라서, 위 두가지 사항 중 적합한 방식을 선택하여 신탁업자로 하여금 사업시행이 가능함을 알려드립니다. 끝.

전략주택공급과-6506호(2024.11.21.)

지정개발자의 사용수익권 취득 근거 및 건축협정 체결대상자 여부

질의요지

가로주택정비사업 추진을 위한 지정개발자인 사업시행자가 사용수익권을 취득할 수 있는 근거 규정 및 지정개발자가 건축조례에 따른 건축협정 체결대상자에 적합한지?

회신내용

「빈집 및 소규모주택 정비에 관한 특례법」 제19조제1항에 의거 지정개발자를 사업시행자로 지정하여 해당사업을 시행할수 있으며, 제37조제1항 규정에 의거 종전의 토지 또는 건축물의 소유자·지상권자·전세권자·임차권자 등 권리자는 사업시행계획이 인가(관리처분계획 포함)된 때에는 이전고시가 있는 날까지 종전의 토지 또는 건축물을 사용하거나 수익할 수 없는바, 사업시행계획인가 고시가 있으면 목적물에 대한 종전 소유자등의 사용 수익이 정지되므로 사업시행자는 목적물에 대한 별도의 수용 또는 사용의 절차 없이 사용 수익할 수 있는 것으로 판단됩니다. [대법원 2011.11.24.선고2009다28394판결 참고]

아울러, 건축협정을 체결하고자 할 때에는 사업시행계획인가를 받는 조건 등 자치구 재량하에 건축협정 당사자인 '소유자 등'을 「빈집 및 소규모주택 정비에 관한 특례법」 제24조에 따른 조합원으로 볼 수 있으며, 조합원 전원의 동의가 아닌 조합의결을 통해 협정이 가능할 것으로 사료됩니다. 끝.

전략주택공급과-1260호(2025.02.04.)

정비사업전문관리업자 자격

질의요지

「빈집 및 소규모주택 정비에 관한 특례법」 21조(정비사업전문관리업자의 등록 및 선정 등)에 따른 정비사업전문관리업자로 등록한 업체가 「빈집 및 소규모주택 정비에 관한 특례법」 제10조(빈집정비사업의 시행자)제1항제2호 건설사업자로서 조합의 공동시행자로 선정 및 계약하여 조합과 공동시행자의 계약업무에 의거 「빈집 및 소규모주택 정비에 관한 특례법」 제21조제1항제2호의 조합설립인가의 신청에 관한 업무의 대행을 하였을 경우, 「서울특별시 빈집 및 소규모주택 정비에 관한 조례 시행규칙」 별지 제7호서식 조합설립인가서의 정비사업전문관리업자로서 기재될 수 있는지 여부를 질의합니다.

회신내용

정비사업전문관리업자의 선정은 「빈집 및 소규모주택 정비에 관한 특례법」(이하 "소규모주택정비법") 제21조에 따라 조합총회에서 국토부장관이 정하여 고시하는 경쟁입찰 또는 수의계약(2회이상 경쟁입찰이 유찰된 경우로 한정)으로 선정하여야 하며,

소규모주택정비법 제17조에 따른 공동시행은 같은법 제17조제3항제2호에 따라 해당 조합이 조합원의 과반수 동의를 받아 결정하여야 하므로, 공동시행 계약 전 조합설립인가 및 정비사업전문관리업자의 선정이 선행되어야 합니다.

다만, 공동시행 계약 시 조합설립인가 등에 관한 업무가 포함되어 있는 경우 별도의 정비사업전문관리업자 선정 없이 공동시행자가 직접 조합설립인가 등 관련 업무 수행이 가능할 것으로 사료됩니다. 끝.

전략주택공급과-6269호(2025.05.20.)

지정개발자의 시공자 선정 절차

➜ 질의요지

지정개발자가 소규모주택정비사업을 시행하는 경우의 시공자 선정 절차

➜ 회신내용

「빈집 및 소규모주택 정비에 관한 특례법」(이하 소규모주택정비법이라 한다) 제25조제3항에 따라 소규모주택정비사업의 토지등소유자는 지정개발자가 사업을 시행하는 경우 토지등소유자 전체회의를 구성하여야 하며, 소규모주택정비법 제20조제4항에 따라 시공자를 선정하는 경우 토지등소유자 전체회의는 소규모주택정비법 시행령 제18조제2항 각 호의 요건을 모두 갖춘 경쟁입찰 또는 수의계약(2회 이상 경쟁입찰이 유찰된 경우로 한정한다)의 방법으로 시공자를 추천할 수 있습니다.

다만, 토지등소유자가 30인 이하인 소규모주택정비사업은 토지등소유자 전체회의에서 별도로 정하는 바에 따라 선정할 수 있습니다. 소규모주택정비법 제20조제5항에 따라 사업시행자는 토지등소유자 전체 회의가 시공자를 추천한 경우에는 추천받은 자를 시공자로 선정하여야 합니다.

또한, 소규모주택정비법 제25조제3항에 따라 지정개발자는 시공자의 선정에 관하여 토지등소유자 전체회의의 의결을 거쳐야 합니다. 끝.

전략주택공급과-6390호(2025.05.21.)

토지등소유자 또는 조합의 소규모주택정비사업 직접수행 가능여부

질의요지

소규모주택정비법에 의한 가로주택정비사업 추진 시 동의서 징구, 사업시행계획서 작성 등 업무를 토지등소유자 또는 조합이 직접 수행 가능한지와 이 경우 정비사업전문관리업자를 선정하지 않아도 되는지?

회신내용

토지등소유자(토지등소유자가 20명 미만인 경우) 또는 조합은 소규모주택정비법 제17조제3항에 의거한 가로주택정비사업의 시행자로서 주민합의체 또는 조합설립 동의서 징구, 사업시행계획서 작성 등 업무를 직접 할 수 있습니다.

그러나 업무를 위탁하거나 자문 받고자 하는 경우에는 같은법 제21조에 따라 정비사업전문관리업자로 등록한 자에게 하여야 합니다. 끝.

공동주택지원과-16344호(2023.09.13.)

소규모재건축사업에 서울시 표준 규정의 의무 적용 여부

질의요지

소규모재건축사업의 경우 서울시가 고시한 표준선거관리규정, 회계규정, 정비사업행정업무규정을 의무적으로 적용해야 하는지?

회신내용

「서울특별시 빈집 및 소규모주택 정비에 관한 조례」 제24조에 의거 토지등소유자 수가 100명 이상으로 조합이 시행하는 소규모재건축사업에 대하여는 「도시 및 주거환경정비법」 제118조제1항 및 「서울특별시 도시 및 주거환경정비 조례」 제73조에 따른 공공지원 대상사업으로 보며,

이에 따라 「서울특별시 정비사업 표준선거관리규정」, 「서울특별시 정비사업 조합 등 표준 예산·회계규정」 및 「서울특별시 정비사업 조합 등 표준 행정업무규정」을 준용하여야 함을 알려드립니다. 끝.

3-2 소규모주택정비사업 계약

전략주택공급과-6513호(2023.05.30.)

설계자 또는 감정평가법인등의 선정 방법

➲ 질의요지

가로주택정비사업을 추진하는 조합에서 설계자나 감정평가법인 선정 시, 입찰 절차를 진행해야 하는지?

➲ 회신내용

「빈집 및 소규모주택 정비에 관한 특례법」 제21조(정비사업전문관리업자의 선정 등) 제4항에서는 조합이 설계자를 선정 및 변경하는 경우에 조합 총회의 의결을 거쳐야 한다고 규정하고 있으며, 입찰에 관한 사항은 별도로 규정하고 있지 않음을 알려드립니다.

단, 「서울특별시 빈집 및 소규모주택 정비에 관한 조례」 제24조에서는 토지등소유자 수가 100명 이상으로서 조합이 시행하는 가로주택정비사업 등에 대하여는 「도시 및 주거환경정비법」 제118조에 따른 공공지 원 대상사업으로 본다고 규정하고 있으므로, 위의 규정 적용 대상인 사업은 「서울특별시 도시 및 주거환 경정비 조례」 제77조에 따라 고시한 「서울특별시 공공지원 정비사업 설계자 선정기준」(서울특별시 고시 제2024-240호)를 따라야할 것으로 판단됩니다. 끝.

전략주택공급과-9850호(2023.08.14.)

정비사업전문관리업자 및 시공자 외 업체 선청에 대한 기준

➲ 질의요지

가로주택정비사업을 추진하는 조합이 정비사업과 관련하여 시공자, 정비업자 외에 용역계약 등을 수의계약으로 체결할 수 있는지

➲ 회신내용

가로주택정비사업 시행시 조합이 시공자 및 정비사업전문관리업자를 선정할 경우에는 「빈집 및 소규모주택 정비에 관한 특례법 」제20조 및 제21조에서 그 선정방법 및 절차에 대하여 규정하고 있으나, 그 밖의 용역업체 선정에 관한 사항은 별도로 규정하고 있지 않으므로, 법무 용역계약 등 그 밖의 용역업체를 선정할 경우에는 조합정관에서 정하는 바에 따라 처리하면 될 것으로 사료됨을 알려드립니다. 끝.

전략주택공급과-6780호(2024.11.28.)

정비사업전문관리업자 수의 계약

질의요지

소규모주택정비사업에서 정비사업전문관리업자 선정 시 경쟁입찰에서 2회 유찰되어 수의계약을 하고자 했는데, 조합 임시총회에서 의결했던 업체의 부득이한 사정으로 인해 수의계약이 불가할 때 타업체와 수의계약이 가능한지?

회신내용

「빈집 및 소규모주택 정비에 관한 특례법」 제21조제3항 규정에 의거 정비사업전문관리업자의 선정은 총회의 의결을 거쳐야 하며, 2회 이상 경쟁입찰이 유찰된 경우 수의계약이 가능합니다.

구체적인 사항은 「소규모주택정비사업의 시공자 및 정비사업전문관리업자 선정기준」(국토부고시 제2022-387호) 제2조제2항에서는 조합이 소규모주택정비사업의 시공자 또는 정비사업전문관리업자 선정 시 「도시 및 주거환경정비법」 제29조제3항에 따른 「정비사업 계약업무 처리기준」제2조부터 제39조까지를 준용토록 되어있습니다.

따라서 총회의 의결을 거쳐 「도시 및 주거환경정비법」 제102조제1항에 따라 자본·기술인력 등의 기준을 갖춰 등록한 정비사업전문관리업자와 수의계약이 가능할 것으로 판단됩니다.

다만, 제8조에 따라 수의계약을 하는 경우에는 보증금과 기한을 제외하고는 최초 입찰에 부칠 때에 정한 가격 및 기타 조건을 변경할 수 없을 것이며, 그 외 계약업무와 관련한 자세한 사항은 인가권자인 관할 자치구청장에게 문의하여 주시기 바랍니다. 끝.

전략주택공급과-7057호(2025.06.10.)

신탁사를 사업대행자로 지정하는 경우, 경쟁입찰 등 계약업무처리기준의 적용 여부

➲ 질의요지

(질의1) 가로주택정비사업 시행 시 「빈집 및 소규모주택정비법」 제56조 및 「도시 및 주거환경정비법」 제28조에 따라 신탁업자를 사업대행자로 선정하는 경우, 정비사업 계약업무처리기준에 따른 일반경쟁입찰을 진행하지 않아도 되는지?

(질의2) 신탁업자가 선정된 경우 정비사업 계약업무 처리기준 적용을 받지 않는지?

➲ 회신내용

(질의1) 「도시 및 주거환경정비법」 제28조제1항에 따르면 당해조항 각 호 어느 하나에 해당하는 경우 구청장은 토지주택공사 등 또는 지정개발자를 사업대행자로 지정할 수 있고, 그 구체적인 방법은 별도의 규정이 없음을 알려드립니다.

(질의2) '정비사업 계약업무 처리기준' 제2조에 따르면 "사업시행자등"에 조합 및 신탁업자가 포함된 것으로 정의하고 있고, 같은 기준 제3조에 따르면 사업시행자등이 계약을 체결하는 경우 관계 법령 등에 별도로 정하여진 경우를 제외하고 당해 기준을 따르도록 규정하고 있음을 알려드립니다.

따라서 사업대행자방식이라도 시공자 선정 등 사업시행자와의 계약이 필요한 경우 '정비사업 계약업무 처리기준'을 준용하여야 함을 알려드립니다. 끝.

공동주택과-4533호(2025.03.20.)

시공사 입찰 시, 조합설립인가 내용과 다른 설계안을 제시하는 경우

질의요지

'정비사업 계약업무 처리기준'에 따라 시공사 입찰공고 시 사업계획 개요를 포함해야 하는데 조합설립인가 시 사용된 설계안이 아닌 새로운 설계안을 사용해도 되는 지?

회신내용

「소규모주택정비사업의 시공자 및 정비사업전문관리업자 선정기준」 제2조에서는 소규모재건축사업의 시공자를 선정하는 경우 도시정비법 제29조제3항에 따른 '정비사업 계약업무 처리기준' 제2조부터 제39조까지 준용한다고 규정하고 있고,

'정비사업 계약업무 처리기준' 제29조(입찰 공고 등의 내용 및 준수사항)에 따라 사업계획의 개요(공사규모, 면적 등) 및 제31조(현장설명회)에 따라 설계도서(사업시행계획인가를 받은 경우 사업시행계획인가서 포함)를 제시하도록 되어 있으나, 변경된 설계안 적용 여부에 대해서는 별도 규정이 없습니다.

따라서 이는 당해 조합정관 및 관련 민원 등을 고려하여 당해 사업 인허가권자인 자치구에서 처리해야 할 사항으로 판단되므로 당해 사업 관련 구체적인 자료를 갖추어 해당 자치구에 문의하여 주시기 바랍니다. 끝.

3-3 공공지원

전략주택공급과-7414호(2024.12.12.)

100인 이상 조합의 설계자 선정 시 서울시 공공지원 기준 의무 적용

질의요지

토지등소유자가 100명 이상인 경우 조합의 설계자를 선정할 시에 공공지원 대상 사업으로 판단하여 서울특별시 공공지원 설계자 선정기준에 따라서 설계자를 선정하여야 하는 것인지?

회신내용

「서울특별시 빈집 및 소규모주택 정비에 관한 조례」 제24조에서는 토지등소유자 수가 100명 이상으로서 조합이 시행하는 가로주택정비사업 등에 대하여는 「도시 및 주거환경정비법」 제118조에 따른 공공지원 대상사업으로 본다고 규정하고 있으므로, 위의 규정 적용 대상인 사업은 「서울특별시 도시 및 주거환경정비 조례」 제77조에 따라 고시한 「서울특별시 공공지원 정비사업 설계자 선정기준」(서울특별시 고시 제2024-240호)를 따라야할 것으로 판단됩니다. 끝.

제4장

주민합의체·조합 및 조합원의 자격

4-1 조합원 자격

4-2 조합설립동의

4-3 총회소집 및 의결사항

4-4 조합설립인가 및 변경

4-5 조합임원 선출 및 해임

4-6 정관

4-1 조합원 자격

전략주택공급과-4095호(2022.11.23.)

법인의 조합원 자격

➲ 질의요지

조합설립인가 전, 소유권 이전 받을 매수인이 법인일 때에도 조합원 자격을 양도받을 수 있는지?

➲ 회신내용

「빈집 및 소규모주택 정비에 관한 특례법」 제24조에 의거 조합원은 토지등소유자(같은 법 제2조 제1항 제6호)로 되어있으며, 조합설립인가 전 소유권을 확보한 경우 법인도 조합원이 될 수 있습니다. 끝.

전략주택공급과-6397호(2023.05.26.)

투기과열지구 조합원 지위 양도

➲ 질의요지

투기과열지구 해제 지역에 관한 조합원 지위 양도 여부

➲ 회신내용

「빈집 및 소규모주택 정비에 관한 특례법」 제24조(조합원의 자격 등) 규정에 따라 적용되는 조합원 자격 양도제한은 투기과열지구 해제 후에는 적용되지 않습니다.

단, 투기과열지구가 적용되던 기간 내 조합설립인가 후 법 제24조제2항 각호에서 정한 예외사항이 아닌 임의로 양수하여 조합원의 자격이 없던 자까지 소급하여 조합원의 자격을 부여하지는 않는 것으로 사료되므로 구체적인 사항은 조합설립인가권자인 해당 자치구에 문의하여 주시기 바랍니다. 끝.

전략주택공급과-10341호(2023.08.28.)

투기과열지구 조합원 지위 양도

질의요지

투기과열지구의 조합설립인가 이후 1세대 1주택자의 조합원 지위 양도 가능한 예외규정은?

회신내용

투기과열지구로 지정된 지역에서 가로주택정비사업 시행 시 「빈집 및 소규모주택 정비에 관한 특례법」 제24조에 따라 조합설립인가 후 해당 사업의 건축물 또는 토지를 취득한 경우 조합원 자격 승계에 제한이 있으나,

같은법 시행령 제22조제1항에 따라 1세대 1주택자로 5년 이상 소유하고, 3년 이상 거주한 경우에는 조합원 지위를 양도할 수 있는 예외 규정이 있습니다.

한편, 투기과열지구 지정이 해제된 이후에 조합설립인가를 받았다면 조합설립인가 후 건축물 또는 토지를 취득하더라도 별도 조합원 자격 승계에 제한이 발생하지 않음을 알려드립니다. 끝.

전략주택공급과-10354호(2023.08.28.)

외국인의 조합원 자격

질의요지

외국인 신분의 조합원 자격 인정여부 및 분양권 대상 여부

회신내용

「빈집 및 소규모주택 정비에 관한 특례법」 상 외국인을 제한하는 규정은 없음을 알려드립니다. 끝.

전략주택공급과-5624호(2024.04.26.)

토지등소유자 산정 시 소재불명자

질의요지

가로주택정비사업 추진시, 구역 내 소재불명자에 대한 토지등소유자 제외 여부

회신내용

「빈집 및 소규모주택 정비에 관한 특례법 시행령」 제23조(토지등소유자의 동의자수 산정방법 등)에 대해서는 「도시 및 주거환경 정비법 시행령」 제33조 규정을 준용토록 되어 있으며,

같은법 제1항제4호에서 "토지건물등기사항증명서, 건물등기사항증명서, 토지대장 또는 건축물관리대장에 소유자로 등재될 당시 ①주민등록번호의 기록이 없고 ②기록된 주소가 현재 주소와 다른 경우로서 ③소재가 확인되지 아니한 자는 토지등소유자의 수 또는 공유자 수에서 제외할 것"으로 규정하고 있음을 알려드립니다. 끝.

전략주택공급과-6673호(2024.05.23.)

공유지분 소유자들의 대표자 선임

질의요지

건축물을 여러 명이 공유지분으로 소유 시, 대표자 선임 가능여부 및 관련 규정 문의

회신내용

「빈집 및 소규모주택 정비에 관한 특례법」 제24조제1항에 따라 조합원은 토지등소유자로 하되, 토지 또는 건축물의 소유권과 지상권이 여러 명에 공유에 속하는 때에는 그 여러 명을 대표하는 1명을 조합원으로 봅니다.

아울러, 같은법 제56조 및 도시정비법 시행령제33조제1항제1호에 따라 1필지 또는 하나의 건축물을 여럿이서 공유하는 경우에는 해당 토지 또는 건축물의 토지등소유자의 4분의 3 이상의 동의를 받아 이를 대표하는 1인을 토지등소유자로 산정토록 규정하고 있음을 알려드립니다. 끝.

전략주택공급과-6852호(2024.05.28.)

1세대에 속하는 다물권자의 대표자 선임

➋ 질의요지

가로주택정비사업구역내 조합설립을 위한 토지등소유자 동의 방법에 관하여, 1세대에 속하는 3인의 토지등소유자가 각각 3필지 토지 및 3개의 건축물을 소유한 경우 토지등소유자 수를 3명으로 하는지, 아니면 1세대에 속하는 여러명을 대표하는 1명을 토지등소유자로 하는지?

➋ 회신내용

이 사안의 경우 조합설립을 위한 동의대상이 되는 토지등소유자는 1세대에 속하는 토지등소유자 3명을 대표하는 1명입니다. 소규모주택정비법 제2조제1항제6호에 따라 토지등소유자는 사업시행구역에 위치한 토지 또는 건축물의 소유자입니다. 다만, 제24조제1항제2호에서는 여러 명의 토지등소유자가 1세대에 속하는 때에는 그 여러명을 대표하는 1명을 조합원으로 본다고 규정하고 있습니다.

따라서 법 제23조의 조합설립을 위한 토지등소유자의 동의를 받는 경우 여러 명의 토지등소유자 중 선임된 대표자 1명의 동의를 받는 것이 적정할 것으로 판단됩니다. 조합설립 동의를 위한 보다 구체적인 사항은 조합설립인가권자인 개별 자치구청장에 문의하여주시기 바랍니다. 끝.

공동주택과-6729호(2024.10.22.)

소규모재건축 조합원의 자격

➋ 질의요지

소규모재건축 조합원 자격

➋ 회신내용

「빈집 및 소규모주택 정비에 관한 특례법 시행령」 제3조제1항제3호에 따르면 소규모재건축사업은 「도시 및 주거환경정비법」 제2조제7호의 주택단지로서 하나의 주택단지 또는 둘 이상의 연접한 주택단지를 대상으로 하는 사업입니다.

또한, 같은 법 제2조제1항제6호나목에 따르면 소규모재건축사업에서 토지등소유자는 사업시행구역에 위치한 건축물 및 그 부속토지의 소유자이며, 같은 법 제24조제1항에 따라 조합원은 소규모재건축사업에 동의한 토지등소유자로 하고 있음을 알려드리오니, 이와 관련하여 보다 구체적인 소규모재건축사업 조합원자격 여부는 해당 사업의 조합설립인가권자인 관할 자치구에 문의하시기 바랍니다. 끝.

전략주택공급과-6401호(2024.11.19.)

종전의 건축물 중 주택을 소유한 자의 기준

➲ 질의요지

「서울특별시 빈집 및 소규모주택 정비에 관한 조례」 제37조제1항제1호 종전의 건축물 중 주택을 소유한 자의 기준은 건축물 대장 또는 등기부 등본 중 무엇을 기준으로 하는지? 이때 종전 건축물의 소유면적은 건축물 대장 기준으로 해야하는지?

➲ 회신내용

「서울특별시 도시 및 주거환경정비 조례」 제34조에서는 관리처분 계획 수립 시 종전 건축물의 소유면적은 관리처분계획기준일 현재 소유건축물별 건축물 대장을 기준으로 하되, 법령에 위반하여 건축된 부분의 면적은 제외한다고 규정하고 있습니다.

다만 단서규정으로 정관 등이 따로 정하는 경우에는 재산세과세대장 또는 측량성과를 기준으로 할 수 있다고 하고 있습니다. 「빈집 및소규모주택 정비에 관한 특례법」은 「도시 및 주거환경 정비법」이 정하고 있는 사항에 대하여 소규모주택정비사업에 대한 특례를 규정함을 목적으로 제정한 것이므로, 해당 법과 조례를 제정한 입법 취지를 고려했을 때 「서울특별시 빈집 및 소규모주택 정비에 관한 조례」에서 예외적으로 정하고 있지 않은 사항에 대해서는 「서울특별시 도시 및 주거환경정비 조례」의 규정을 적용하는 것이 적정할 것으로 판단됩니다.

따라서 종전 건축물의 소유 면적은 「서울특별시 도시 및 주거환경정비 조례」 제34조제3호에 의거 정관 등에서 달리 정하고 있지 않은 한 건축물 대장을 기초로 해야 할 것입니다.

한편, 주택의 '소유권 현황'에 있어 건축물 대장과 등기부 등본이 서로 다른 경우에는 대상의 권리관계를 증명하는 문서인 등기부 등본을 기준으로 하는 것이 적정하며, 등기부 등본에 맞추어 건축물 대장을 수정해야 할 것으로 사료되나, 구체적인 사안에 대해 해당 분야의 법률적 판단이 추가적으로 필요할 것으로 판단됩니다. 끝.

전략주택공급과-1157호(2025.01.31.)

특정무허가건축물 소유자의 조합원 자격

질의요지

소규모주택정비사업 추진 시, 특정무허가건축물 소유자 관련 조합원의 자격사항

회신내용

「서울특별시 빈집 및 소규모주택 정비에 관한 조례」 제28조에 따라 특정무허가건축물 소유자의 조합원 자격사항에 대해서는 조합 정관에서 정하도록 하고 있음을 알려드립니다. 끝.

전략주택공급과-6613호(2025.05.27.)

지정개발자 방식 사업시행계획 의결 시, 분양 미신청의 의결권 유무

질의요지

지정개발자(신탁업자)를 사업시행자로 지정하여 가로주택정비사업을 시행하는 경우,

「빈집 및 소규모주택 정비에 관한 특례법」(이하 '법'이라 한다.) 제25조제3항에 따른 토지등소유자 전체회의에서 사업시행계획 등의 의결 시 분양신청을 하지 아니한 토지등소유자를 포함하여 동의를 받아야 하는지?

회신내용

법제처 해석례(2023. 11. 30. 안건번호 23-0963)에 따르면 사업시행구역에서 주택을 신규로 공급하는 등 주거환경을 개선하는 소규모주택정비사업의 취지상 분양미신청 토지등소유자는 분양청구권의 행사가 불가하고 그에 따른 조합원으로서의 의무도 면하게 된다는 점을 미루어 볼 때 분양신청기간 종료 이후 조합원의 지위를 상실한다고 보고 있고,

법 제19조에 따른 지정개발자가 갖는 지위를 고려할 때, 분양신청기간 종료 이후 분양미신청 토지등소유자는 지정개발자 방식의 가로주택정비사업 토지등소유자 전체회의의 의결정족수에 포함되지 않는 것으로 간주하는 것이 타당함을 알려드립니다. 끝.

4-2 조합설립동의

전략사업과-23893호(2022.07.19.)

조합설립동의서 징구 규정

➔ 질의요지

가로주택정비사업 조합설립동의서 징구 규정

➔ 회신내용

「빈집 및 소규모주택 정비에 관한 특례법(소규모주택정비법)」 제23조에 따라 가로주택정비사업의 토지등소유자는 조합을 설립하는 경우 토지등소유자의 10분의 8 이상 및 토지면적의 3분의 2 이상의 토지소유자 동의를 받아야 합니다.

조합설립을 위한 동의서 징구 절차 업무와 관련한 세부 규정은 별도 없으나, 소규모주택정비법 제59조에 따라 관련법 위반사항이 발생할 경우 인허가권한이 있는 자치구청에서 고발조치 가능함을 알려 드리오니 이점 양해하여 주시기 바랍니다. 끝.

전략주택공급과-1895호(2022.10.04.)

국공유지 조합설립 동의

질의요지

가로주택정비사업 추진 시, 토지등소유자가 국가 또는 지방자치단체일 경우 조합설립 동의 방법

회신내용

「빈집 및 소규모주택 정비에 관한 특례법」 제56조제1항에서 토지등소유자의 동의방법 등에 관하여는 「도시 및 주거환경정비법」 제27조, 제36조 및 제37조를 준용하도록 되어 있습니다.

해당 법 조항에는 국가 또는 지방자치단체의 구체적인 동의방법에 관한 규정을 별도로 명시하고 있지 않지만, 질의하신 내용과 일치하는 대법원 판례(2012두 1419 전원합의체 판결)의 동의자수 산정방법을 적용하시면 될 것으로 사료됩니다.

< 대법원 판례(2012두 1419 전원합의체 판결) 주요 내용>
"국가 또는 지방자치단체가 정비구역 내에 국·공유지를 소유하는 경우에 정비기본계획의 수립 및 정비구역의 지정으로부터 관할관청의 구체적인 조합설립인가처분에 이르기까지의 과정에서 협의 절차 등을 통하여 정비사업 자체나 해당 정비사업조합에 의한 사업추진에 대하여 명시적으로 반대의 의사를 표시하거나 반대하였다고 볼 수 있는 행위를 하지 않았다면, 국가 또는 지방자치단체는 관할 관청의 인가에 의하여 이루어지는 해당 정비사업조합의 설립에 동의한 것으로 볼 수 있다"

아울러 가로주택정비사업 조합설립에 관한 자세한 사항은 인가권자인 소재지의 자치구청에서 더 자세한 안내가 가능함을 안내드립니다. 끝.

도시 및 주거환경정비법 시행령 [시행 2024. 12. 17] [대통령령 제35083호, 2024. 12. 17, 일부개정]

제33조(토지등소유자의 동의자 수 산정 방법 등)

① 법 제12조제2항, 제28조제1항, 제36조제1항, 이 영 제12조, 제14조제2항 및 제27조에 따른 토지등소유자(토지면적에 관한 동의자 수를 산정하는 경우에는 토지소유자를 말한다. 이하 이 조에서 같다)의 동의는 다음 각 호의 기준에 따라 산정한다. 「도시 및 주거환경정비법」에 따른 재개발사업 및 재건축사업을 위한 정비구역(정비예정구역을 포함한다)이 해제된 구역

1. ~ 4. (생 략)

5. 국 · 공유지에 대해서는 그 재산관리청 각각을 토지등소유자로 산정할 것. 이 경우 재산관리청은 동의 요청을 받은 날부터 30일 이내에 동의 여부를 표시하지 않으면 동의한 것으로 본다.

전략주택공급과-2677호(2022.10.21.)

추가 편입 지역의 토지등소유자 동의

➲ 질의요지

조합설립인가 된 가로주택정비사업구역에서 사업시행면적을 확대하려는 경우 추가로 편입되는 사업면적의 토지등소유자 동의여부에 관한 사항은 어떻게 되는지?

➲ 회신내용

소규모주택정비법 제23조제5항에 따르면 설립된 조합이 인가받은 사항을 변경하는 경우 조합 총회에서 조합원의 3분의 2이상의 찬성으로 의결하도록 규정하고 있습니다.

따라서, 사업면적을 확대하려는 경우 해당사항에 대하여 조합 총회에서 조합원 3분의 2이상의 찬성으로 의결하여야 합니다.

아울러, 소규모주택정비법상 사업시행면적 확대에 대해 규정하고 있는 않으나, 동법 제23조제제1항에 따르면 조합을 설립하는 경우 토지등소유자의 10분의 8이상 및 토지면적의 3분의 2이상 등의 토지소유자 동의를 받도록 하고 있으므로, 사업시행면적이 확대되는 경우 확대된 전체사업지를 대상으로 토지등소유자 동의조건을 충족하여 조합설립변경 절차를 이행하여야 할 것으로 사료됩니다. 끝.

※ 법제처 법령해석 사례(안건번호 23-0898, 2023.11.03.) 참조

- 사업시행구역의 면적 증가에 따른 조합설립변경인가를 받으려는 경우 토지등소유자의 동의율 판단 기준 및 기존 토지등소유자 동의서의 재징구 여부(「빈집 및 소규모주택 정비에 관한 특례법」 제23조 등)

전략주택공급과-2702호(2023.03.06.)

공동주택의 조합설립동의 방법

질의요지

가로주택정비사업 추진시 연립주택이 포함된 경우 조합설립동의 요건

회신내용

「빈집 및 소규모주택정비에 관한 특례법」 제23조제1항에 따르면 가로주택정비사업을 위한 조합을 설립하는 경우 토지등소유자의 10분의 8이상 및 토지면적의 3분의2 이상의 토지소유자 동의를 받도록 하고 있으며,

이 경우 사업시행구역의 공동주택은 각 동별 구분소유자의 과반수 동의(공동주택의 각 동별 구분소유자가 5명 이하인 경우는 제외)를, 그 외의 토지 또는 건축물은 해당 토지 또는 건축물이 소재하는 전체 토지면적의 2분의 1 이상의 토지소유자 동의를 받도록 규정하고 있는 사항으로 조합설립과 관련한 보다 자세한 사항은 인가권자인 관할 자치구와 협의하시기 바랍니다. 끝.

공동주택지원과-5269호(2023.03.23.)

교회의 조합설립 동의 방법

질의요지

소규모재건축사업의 조합설립 동의서 징구 시 소유자가 교회인 경우 필요 서류

회신내용

「빈집 및 소규모주택 정비에 관한 특례법」 제56조에 의거 토지등소유자의 동의 방법 등에 관하여는 「도시 및 주거환경정비법」 제36조를 준용하고 있으며,

같은 조 제2항에 따라 '법인인 경우 등 불가피한 사유 가 있다고 자치구청장이 인정하는 경우에는 토지등소유자의 인감도장을 찍은 서면동의서에 해당 인감 증명서를 첨부하는 방법으로 할수 있다'라고 규정하고 있으니, 구체적인 사항은 조합설립인허가권자인 해당 자치구에 별도로 문의하시기 바랍니다. 끝.

전략주택공급과-8265호(2023.07.10.)

외국인 조합설립 동의서 징구

질의요지

가로주택정비사업 추진 시 국적변경을 통한 외국 국적자의 경우 조합설립 등 동의서 징구 시 필요한 서류는 무엇인지?

조합설립인가 신청서류 제출 시 주민등록등본 및 가족관계증명서를 포함한 조합원명부를 제출하도록 하고 있는데 외국 국적자의 경우 해당 서류를 대체할 수 있는 서류가 있는지?

회신내용

「빈집 및 소규모주택 정비에 관한 특례법」 제25조제1항에 따르면 가로주택정비사업을 위한 조합설립 등 토지등소유자의 동의를 위해서는 서면동의서에 토지등소유자가 성명을 적고 지장(指章)을 날인하는 방법으로 하며, 주민등록증, 여권 등 신원을 확인할 수 있는 신분증명서의 사본을 첨부하여야 한다고 규정하고 있는 바, 외국인의 경우에도 동의서 제출시 여권 등 신원을 확인할 수 있는 신분증명서의 사본을 첨부하여야 할 것입니다.

한편, 「빈집 및 소규모주택 정비에 관한 특례법 시행규칙」 제9조제2항 및 「서울시 빈집 및 소규모주택 정비에 관한 조례 시행규칙」 제4조에 따라 조합설립인가 신청 시 주민등록등본, 가족관계증명서가 첨부된 조합원 명부를 제출토록 하고 있으며, 이는 동법 제24조제1항2호에 따른 동일세대 내 여러 명의 토지등소유자가 있는 경우 그 중 대표하는 1명에게만 조합원 자격을 부여하도록 하는 규정을 확인하기 위한 취지입니다.

따라서, 외국 국적자와 같이 주민등록등본 및 가족관계증명서의 첨부가 불가할 경우 위의 규정을 확인할 수 있는 관계서류 및 증빙자료를 통해 대체할 수 있을 것으로 사료되며 보다 자세한 사항은 조합설립인가권자인 관할 자치구청과 협의하시기 바랍니다. 끝.

전략주택공급과-14184호(2023.11.24.)

조합설립동의서 징구 시
토지등소유자별 분담금 추산액 및 산출 근거 서면 제공

질의요지

「빈집 및 소규모주택 정비에 관한 특례법 시행령」 제20조제2항에 따라 조합설립 동의를 받기 전 토지등소유자 별 분담금 추산액 및 산출근거를 토지등소유자에게 서면으로 제공하여야 한다고 규정하고 있는데, 조합설립동의서 징구 단계에서는 분담금 추산액의 정확한 산출이 어려우며 금액 산출의 정확한 근거가 존재하지 않는 현실에서도 토지등소유자별 추정분담금 액수를 산출해서 개개인에게 서면으로 통지해야 하는 것인지?

회신내용

소규모주택정비법 시행령 제20조제1항에 따르면 소규모주택정비사업 조합설립을 위하여 토지등소유자는 건축되는 건축물의 설계개요 및 정비사업비, 정비사업비의 분담기준 등에 관한 사항을 동의받도록 규정하고 있으며,

같은 조 제2항에서 조합설립 동의를 받기 전 영 제20조제1항 각 호의 사항과 토지등소유 자별 분담금 추산액 및 산출근거를 토지등소유자에게 서면으로 제공하여야 한다고 규정하고 있으므로 이에 따른 절차와 방법에 따라 조합설립인가 신청하여야 합니다. 끝.

전략주택공급과-5690호(2024.11.04.)

조합설립 동의서 증빙서류

질의요지

가로주택정비사업 조합설립 동의서에 필요한 증빙서류에서 주민등록등본은 반드시 제출해야 하는지? 또한 신분증 사본은 뒷번호를 가려도 되는지?

회신내용

가로주택정비사업 조합설립에 동의하려는 토지등소유자는 「빈집 및 소규모주택 정비에 관한 특례법」 제25조(토지등소유자의 동의방법 등), 「서울특별시 빈집 및 소규모주택 정비에 관한 조례 시행규칙」 제4조(조합설립인가 신청서류)에 따라 신분증 사본과 주민등록등본은 제출하여야 하며, 이와 관련된 보다 자세한 사항은 조합설립인가권자인 관할 자치구에 문의하여 주시기 바랍니다. 끝.

전략주택공급과-4929호(2025.04.16.)

가족 구분소유 다세대주택의 동의율 산정

➲ 질의요지

조합설립인가 전에 다세대주택(6세대, 1인 소유)의 소유자가 각 세대를 배우자 및 미혼인 19세 미만의 직계비속에게 매매·증여를 통해 구분소유자가 6인이 된 경우,

조합설립인가를 위한 동의율 산정 시 이 다세대주택을 소규모주택정비법 제23조제1항에 따른 과반수 동의를 받아야 하는 공동주택에 포함해야 하는지?

➲ 회신내용

소규모주택정비법 제23조에 따라 공동주택은 각 동 별 구분소유자의 과반수 동의(구분소유자가 5인 이하인 경우에는 제외)가 필요하므로 문의하신 다세대주택의 구분소유자가 6인 이상인 경우에는 공동주택 각 동별 구분소유자의 과반수 동의 필요할 것으로 사료됩니다. 끝.

공동주택과-6354호(2025.04.22.)

주택단지가 아닌 지역의 토지등소유자의 동의 기준

➲ 질의요지

소규모재건축사업 추진 시 주택단지가 아닌 지역이 사업시행구역에 포함된 경우 주택단지가 아닌 지역의 토지등소유자의 동의 기준

➲ 회신내용

「빈집 및 소규모주택 정비에 관한 특례법」 제23조제3항에 따르면 토지등소유자는 주택단지가 아닌 지역이 사업시행구역에 포함된 경우 주택단지가 아닌 지역의 토지 또는 건축물 소유자의 4분의 3 이상 및 토지면적의 3분의 2 이상의 토지소유자의 동의를 받아야 한다고 규정하고 있으므로,

주택단지가 아닌 지역의 토지등소유자의 동의 기준은 각각의 필지가 아닌 지역을 기준으로 하고 있음을 알려드립니다. 끝.

4-3 총회소집 및 의결사항

전략사업과-21279호(2022.04.26.)

조합원 제명 가능여부 및 제명을 위한 의결정족수

➲ 질의요지

가로주택정비사업 추진 시 조합원 제명 가능여부 및 제명을 위한 의결정족수 기준

➲ 회신내용

가로주택정비사업을 위한 관련법령인 「빈집 및 소규모주택 정비에 관한 특례법」에는 조합원 제명여부에 대한 별도의 규정사항이 없으며 조합정관에 관한 사항은 「도시 및 주거환경정비법」 제40조를 준용하고 있습니다.

「도시 및 주거환경정비법」 제40조제1항제3호에 따르면 조합원의 제명·탈퇴 및 교체에 관한 사항을 포함하여 정관을 마련하도록 하고 있는 바, 관할 구청장으로부터 인가 받은 조합정관의 내용으로 조합운영이 가능할 것으로 사료되며, 「빈집 및 소규모주택 정비에 관한 특례법」 및 「도시 및 주거환경정비법」과 관련한 보다 자세한 사항은 위 법령을 소관하는 중앙부처인 국토교통부로 문의하시기 바랍니다. 끝.

전략주택공급과-13350호(2023.11.06.)

창립총회 통지 방법

➲ 질의요지

「빈집 및 소규모주택 정비에 관한 특례법 시행령」(2023.10.18. 개정) 제20조의2제3항에 따라 조합설립을 위한 창립총회를 개최하려는 경우 창립총회 관련사항을 인터넷 홈페이지 등 정보통신망을 통해 공개해야 하는데, 이때 정보통신망의 범위와 구체적인 실행(권장)방법은?

➲ 회신내용

정보통신망이란 「정보통신망법」에 따라 전기통신설비를 이용하거나 전기통신설비와 컴퓨터 및 컴퓨터의 이용기술을 활용하여 정보를 수집·가공·저장·검색·송신 또는 수신하는 정보통신체제를 포함합니다.

조합설립인가, 창립총회의 절차 등 조합설립에 관한 보다 정확한 사항은 조합설립인가권자인 관할 구청장에게 문의 또는 협의하여 주시기 바랍니다.

한편, 우리시에서는 「빈집 및 소규모주택 정비에 관한 특례법」제54조제5항에 따른 인터넷을 통한 소규모주택정비사업 정보공개 이행시 정비사업 종합정보관리시스템인 "정비사업 정보몽땅(https://cleanup.seoul.go.kr)"을 이용하도록 권장하고 있으니, 참고하여 주시기 바랍니다. 끝.

공동주택지원과-20953호(2023.11.27.)

이사 사임 시 보궐 선임 절차

질의요지

소규모재건축사업을 추진 중인 조합에서 총회에서 선임된 이사 1인이 사임하고자 하는 경우, 다시 총회를 열어서 이사 1인을 선임하여야 하는지

회신내용

「빈집 및 소규모주택 정비에 관한 특례법」 제56조에 따르면 조합의 법인격·정관·임원 등에 관하여는 「도시 및 주거환경정비법」 제38조 및 제40조부터 제46조까지를 준용한다고 되어 있으며, 「도시 및 주거환경정비법」 제41조(조합의 임원) 제5항에 따르면 "조합임원의 선출방법 등은 정관으로 정한다"라고 되어 있습니다.

다만, 같은 법 제118조에 따른 정비사업의 공공지원대상인 경우 「서울특별시 도시 및 주거환경정비 조례」 제76조에 따라 「서울특별시 정비사업 표준선거관리규정」에 따르도록 규정하고 있으므로, 공공지원대상사업 여부 및 적용기준 등에 대한 자세한 사항은 조합설립인가권자인 자치구에 문의하여 주시기 바랍니다. 끝.

전략주택공급과-894호(2024.01.18.)

대의원의 권한

질의요지

조합 소집 시 대의원의 권한

회신내용

「도시 및 주거환경정비법」 제44조제2항에 의거 총회는 조합장이 직권으로 소집하거나 조합원 5분의 1 이상(정관의 기재사항 중 제40조제1항제6호에 따른 조합임원의 권리·의무·보수·선임방법·변경 및 해임에 관한 사항을 변경하기 위한 총회의 경우는 10분의 1 이상으로 한다) 또는 대의원 3분의 2 이상의 요구로 조합장이 소집하도록 되어있으므 로 자세한 사항은 조합 및 조합설립인가권자인 관할 구청에 문의하시기 바랍니다. 끝.

4-4 조합설립인가 및 변경

전략사업과-21734호(2022.05.12.)

가로주택정비사업 조합설립 인가조건

➔ 질의요지

가로주택정비사업 조합설립 인가조건

➔ 회신내용

가로주택정비사업의 경우 소규모주택정비법 제23조에 따라 토지등소유자의 10분의 8 이상 및 토지면적의 3분의 2 이상의 토지소유자 동의를 통해 조합설립이 가능하며, 모아타운 내에서 모아주택사업으로 추진하는 가로주택정비사업의 경우에도 위의 동의조건을 만족해야만 조합설립이 가능한 사항임을 안내드리니 소관 업무에 참고하시기 바랍니다. 끝.

전략주택공급과-3337호(2024.03.08.)

조합설립인가 사항의 경미한 변경

➔ 질의요지

「빈집 및 소규모주택 정비에 관한 특례법」 제23조제5항, 같은 법 시행령 제21조에 따른 조합설립인가사항의 경미한 변경(조합사무실 변경, 착오 오기, 매매에 따른 조합원 변경 등) 시에도 법 제23조제9항에 따른 14일 이상 주민 공람을 거쳐야 하는지?

➔ 회신내용

「빈집 및 소규모주택 정비에 관한 특례법 제23조제5항, 같은 법 시행령 제21조에서는 시행령 제21조 각 호의 사항을 변경하는 경우에는 조합 총회의 의결 없이 시장·군수등에게 신고한 후 변경할 수 있다고 규정하고 있는 한편, 법 제23조제9항에서는 인가받은 사항을 변경하는 경우 14일 이상 주민 공람을 거쳐 의견 수렴해야 한다고 정하고 있으므로, 문의하신 신고를 통해 변경할 수 있는 경미한 사항은 주민 공람을 거치지 않아도 될 것으로 판단됩니다.

그 밖에 조합설립인가 변경에 관한 자세한 사항은 조합설립인가권자인 관할 자치구청장에 문의하여 주시기 바랍니다. 끝.

전략주택공급과-993호(2025.01.22.)

2개 조합의 통합

질의요지

기 설립되어 있는 2개 조합(A, B)이 있는데, A조합이 B조합의 사업시행구역까지 통합하려고 할 때, 조합설립동의서 검인신청 시 B조합의 해산이 전제되어야 하는지 등 동의서 징구 시기에 관한 문의

회신내용

2개의 조합 통합에 따른 동의서 관련 기준은 관계 법령에 명확히 정하고 있지는 않습니다.

법제처 법령해석(안건번호23-0893.'23.11.03)에 의하면 ① 조합이 사업시행구역의 면적을 증가하는 내용으로 조합설립변경인가를 받으려는 경우 기존 토지등소유자에 대해서 새로이 조합설립동의서를 받지 않아도 되나, ② 조합설립변경을 위해서는 소규모주택정비법 제23조5항에 따라 조합총회에서 조합원의 3분의 2 이상의 찬성 의결이 필요하고, ③ 이때, 전체 사업시행구역에 대해 같은 법 제23조1항에 따른 조합설립을 위한 동의율(토지등소유자의 10분의 8 이상 및 토지면적의 3분의 2 이상)은 충족되어야 합니다.

아울러, 편입되는 구역에 대한 조합해산 내지 조합설립인가 취소는 자치구청장의 조합설립변경인가(구역확대) 전까지 모든 절차가 완료되어야 할 것으로 사료되나, 구체적인 사항은 인가권자인 자치구에 문의하시기 바랍니다. 끝.

전략주택공급과-4860호(2025.04.15.)

관리계획과 조합설립인가 신청한 구역계가 불일치할 경우 조합설립 인가 가능여부

질의요지

모아타운 관리계획 승인·고시된 지역 내 가로주택정비사업 추진 시, 관리계획 상의 사업가능구역 구역계와 조합설립 인가를 신청한 사업계획서 상 구역계가 불일치할 경우 조합설립 인가가 가능한지?

모아타운 관리계획 승인·고시 전 가로주택정비사업 조합설립을 위해 자치구로부터 검인받아 연번 부여된 동의서로 조합설립 동의서를 징구중에 있음

회신내용

「서울시 모아타운 관리계획 수립지침」에 따르면 토지이용계획은 향후 모아주택 사업추진에 따른 변경사항을 반영하여야 하며, 향후 개발수요를 고려하여 사업추진구역 및 사업가능구역을 구분하여 장기적 관점에서 개별사업의 여건 변화에 유연하게 대응할 수 있도록 정하고 있습니다.

따라서, 모아타운 관리계획 승인·고시 전 동의서 검인 받은 경우, 관리계획 상의 사업가능구역과 일치하지 않더라도 가로주택정비사업 조합 설립이 가능할 것으로 판단됩니다.

다만, 이 경우 모아타운 관리계획에서 정한 도시관리계획 변경사항(용도지역 상향 등)은 적용할 수 없으며, 향후 조합설립 변경인가 또는 관리계획 변경 절차를 거쳐 가로주택정비사업 조합 구역계와 관리계획 상의 사업가능구역 구역계를 일치시켜야 적용 가능한 사항으로 조합설립 인가 전 구역계의 규모 및 적정성, 주민의견 수렴 등에 대하여 관리계획 수립권자이자 조합설립 인가권자인 관할 자치구의 신중한 검토가 필요할 것으로 사료됨을 알려드립니다. 끝.

전략주택공급과-6116호(2025.05.14.)

소규모재개발 조합설립인가 구비 자료

➲ 질의요지

소규모재개발 조합설립인가를 위한 구비 자료

➲ 회신내용

소규모재개발의 조합설립 인가를 위한 구비 자료는「빈집 및 소규모주택 정비에 관한 특례법」제23조(조합설립인가 등) 1항 1호부터 3호까지의 규정에 따라 조합정관 및 국토교통부령과 서울시 조례로 정하는 서류를 구비하여야 하며, 국토교통부령·서울시 조례에 따른 구체적인 구비 서류는 같은 법 시행규칙 제9조 2항 및 서울시 조례 제26조 및 조례 시행규칙 제4조등에서 확인 가능함을 안내드립니다.

아울러 조합설립 관련한 보다 더 구체적인 사항은 조합설립인가권자인 관할 자치구청에 문의하여 주시기 바랍니다. 끝.

4-5 조합임원 선출 및 해임

전략주택공급과-4724호(2022.12.07.)

상가를 임차하여 영업하고 있는 자의 조합 임원 요건 충족 여부

➲ 질의요지

가로주택정비사업 추진 중인 구역의 조합원이 구역 내 주택을 소유하고 있고 해당주택에 거주기간은 1년미만이나, 해당구역에 위치한 상가를 임차하여 10년 이상 영업을 지속하고 있을시 「도시 및 주거환경정비법」 제41조제1항제1호에 따른 조합원 임원의 자격을 갖춘 것으로 볼 수 있는지 여부

➲ 회신내용

「빈집 및 소규모주택 정비에 관한 특례법」 제56조에 의거 조합 임원의 자격 요건은 「도시 및 주거환경정비법」 제41조를 준용하고 있으므로 해당 사업시행구역내에서 거주하여야 하며, 영업을 하는 자의 경우도 포함토록 되어 있음을 알려드립니다. 끝.

전략주택공급과-144호(2023.01.04.)

조합 임원의 거주 기간 산정 방법

➲ 질의요지

가로주택정비사업 조합 임원 자격 요건 중 「도시 및 주거환경정비법」 제41조(조합의 임원) 제1항제1호(정비구역에서 거주하고 있는 자로서 선임일 직전 3년 동안 정비구역 내 거주 기간이 1년 이상일 것)에서 거주기간 산정 방법

➲ 회신내용

가로주택정비사업 조합 임원 자격 요건 중 「도시 및 주거환경정비법」 제41조(조합의 임원) 제1항제1호에서의 거주 기간은 건축물 또는 토지를 소유했는지 여부와는 상관없으며, 해당 정비구역에서 거주하고 있는 자로서 선임일 직전 3년 동안 정비구역 내 거주 기간이 1년 이상이면 조합 임원 자격을 충족하게 됨을 알려드립니다. 끝.

공동주택지원과-19063호(2023.10.25.)

정관으로 조합원 가족(비소유자)에게 임원 자격 부여 가능여부

질의요지

소규모재건축사업조합에서 등기부등본상의 소유자인 조합원의 가족이 조합임원을 할 수 있다고 정관 변경이 가능한지

회신내용

「빈집 및 소규모주택 정비에 관한 특례법」 제56조에 의하여 「도시 및 주거환경정비법」 을 준용하며 제41조에 따라 조합원으로 정비구역에 위치한 건축물 또는 토지를 5년 이상 소유하거나 정비구역에서 거주하고 있는 자로서 선임일 직전 3년 동안 정비구역에서 1년 이상 거주한 자를 임원으로 둘 수 있음을 알려드립니다. 끝.

4-6 정관

공동주택지원과-5262호(2023.03.23.)

소규모재건축 조합 감사의 이사회 참석 시 회의비 지급

➲ 질의요지

소규모재건축사업 조합의 감사가 이사회에 참석할 경우 조합에서 회의비 지급 시 위법 여부

➲ 회신내용

「빈집 및 소규모주택 정비에 관한 특례법」 제56조에 의거 조합의 정관 등에 관하여는 「도시 및 주거환경정비법」 제40조를 준용하고 있으며, 같은 조 제1항8호 및 10호에 따라 정관 또는 예산상의 근거를 마련할 경우 회의비를 지급할 수 있을 것으로 판단되오니, 구체적인 사항에 대하여는 조합설립인가권자인 해당 자치구에 문의하여 주시기 바랍니다. 끝.

전략주택공급과-7233호(2023.06.19.)

소규모주택정비사업 조합 정관 작성

질의요지

모아타운 내 조합설립을 통한 소규모주택정비사업 추진 시 조합 정관 작성 방법

회신내용

「빈집 및 소규모주택 정비에 관한 특례법」 제23조에 따르면 소규모주택정비사업을 위해 조합설립을 위해서는 정관을 작성하여 조합설립인가권자의 인가를 받도록 하고 있으며, 동법 제56조제1항에 조합정관에 관한 사항은 「도시 및 주거환경정비법」 제40조를 준용하도록 하고 있습니다.

한편, 「도시 및 주거환경정비법」 제40조(정관의 기재사항 등)에서는 아래와 같이 조합정관에 포함되어야 하는 사항을 규정하고 있으니, 법에서 규정하고 있는 사항을 반드시 포함하여 조합 및 사업여건을 고려한 조합정관을 마련하시기 바랍니다. 끝.

<도시 및 주거환경정비법> 제40조(정관의 기재사항 등)

① 조합의 정관에는 다음 각 호의 사항이 포함되어야 한다.

1. 조합의 명칭 및 사무소의 소재지
2. 조합원의 자격
3. 조합원의 제명·탈퇴 및 교체
4. 정비구역의 위치 및 면적
5. 제41조에 따른 조합의 임원(이하 "조합임원"이라 한다)의 수 및 업무의 범위
6. 조합임원의 권리·의무·보수·선임방법·변경 및 해임
7. 대의원의 수, 선임방법, 선임절차 및 대의원회의 의결방법
8. 조합의 비용부담 및 조합의 회계
9. 정비사업의 시행연도 및 시행방법
10. 총회의 소집 절차·시기 및 의결방법
11. 총회의 개최 및 조합원의 총회소집 요구
12. 제73조제3항에 따른 이자 지급
13. 정비사업비의 부담 시기 및 절차
14. 정비사업이 종결된 때의 청산절차
15. 청산금의 징수·지급의 방법 및 절차
16. 시공자·설계자의 선정 및 계약서에 포함될 내용
17. 정관의 변경절차
18. 그 밖에 정비사업의 추진 및 조합의 운영을 위하여 필요한 사항으로서 대통령령으로 정하는 사항

전략주택공급과-11579호(2023.09.22.)

법령 개정에 따른 정관 변경

➔ 질의요지

법령의 변경에 따라 조합정관의 변경이 필요할 경우 절차 및 방법은?

➔ 회신내용

소규모주택정비사업 조합정관에 관한 사항은 소규모주택정비법 제56조에서 도시정비법을 준용하도록 하고 있습니다.

도시정비법 제40조제3항에 따라 조합이 정관을 변경하려는 경우에는 총회를 개최하여 조합원 과반수의 찬성으로 시장·군수등의 인가를 받아야 하며, 동법 제40조제4항에 따라 시행령으로 정하는 경미한 사항을 변경하려는 때에는 이 법 또는 정관으로 정하는 방법에 따라 변경하고 시장·군수등에게 신고하여야 합니다.

한편, 도시정비법 시행령 제39조에서 정관의 경미한 변경사항에 대해 규정하고 있으나 문의하신 '법령 개정에 따른 정관의 변경에 관한 사항'은 경미한 변경사항으로 규정하고 있지 않은 바, 구체적인 변경 절차 및 방법은 조합정관 및 관련법령에 따라야 할 것으로 사료됨을 알려드립니다. 끝.

전략주택공급과-3215호(2024.03.06.)

정관을 변경하는 경우 관련 규정

➔ 질의요지

가로주택정비사업조합의 정관을 변경하는 경우 필요한 조합원 동의에 관하여 어떤 조항을 준용하는지?

➔ 회신내용

「빈집 및 소규모주택 정비에 관한 특례법」 제23조제1항에 따라 인가된 사항을 변경하는 경우, 같은법 제23조제5항에 따라 조합 총회에서 조합원의 3분의 2 이상의 찬성으로 의결한 후 제1항 각 호의 사항을 첨부하여 시장·군수등의 인가를 받도록 규정하고 있습니다.

따라서, 조합 정관의 경우 같은법 제23조 제1항에 따라 인가된 사항으로 정관 변경에 관한 사항은 상기 조항을 준용하여야 함을 알려드립니다. 보다 자세한 내용은 가로주택정비사업 조합설립인가권자인 관할 자치구청장에게 문의하여 주시기 바랍니다. 끝.

전략주택공급과-3346호(2024.03.08.)

조합원 과반수 이상의 찬성으로 정관 변경 가능한 사안

질의요지

가로주택정비사업조합의 정관을 변경하고자 할 때, 정관에 관하여 준용하는 조항인 「도시 및 주거환경정비법」 제40조제3항 단서 외의 사항은 조합원 과반수 이상의 찬성으로 의결이 가능한지?

회신내용

「빈집 및 소규모주택 정비에 관한 특례법」 제56조제1항에 따르면 조합의 정관에 관하여 「도시 및 주거환경정비법」(이하 "도시정비법"이라 한다.) 제40조를 준용토록 규정하고 있고,

도시정비법 제40조제3항에 따르면 같은 법 제35조(조합설립인가 등)의 규정에도 불구하고 단서 외의 사항은 조합원 과반수의 찬성으로 인가받도록 규정하고 있습니다. 또한, 조합 정관의 변경에 관한 사항은 상기 조항을 준용하여야 함을 알려드립니다.

보다 자세한 내용은 가로주택정비사업 조합설립인가권자인 관할 자치구청장에게 문의하여 주시기 바랍니다. 끝.

전략주택공급과-7801호(2024.12.23.)

무허가건축물 소유자의 조합원 인정

질의요지

가로주택정비사업 추진 시 무허가건축물 소유자의 조합원, 정관 반영 시기 및 관련 법령상의 근거

회신내용

「서울특별시 빈집 및 소규모주택 정비에 관한 조례」 제28조에서는 특정무허가건축물 소유자의 조합원 자격에 관한 사항은 조합 정관으로 정하도록 하고 있는 한편, 무허가 건축물 소유자에 대한 정관 반영 시기에 대하여서는 「도시 및 주거환경정비법」과 「빈집 및 소규모주택 정비에 관한 특례법」에서 별도로 규정하고 있지 않으므로 그 시기에 관하여서는 조합에서 정할 수 있을 것으로 판단됩니다.

다만, 「서울특별시 빈집 및 소규모주택 정비에 관한 조례」 제37조에서는 관리처분계획 수립 시 공동주택의 분양대상자에 주거용으로 사용하고 있는 특정무허가건축물 중 조합정관 등에서 정한 건축물을 소유한 자를 포함한 토지등소유자를 정하고 있으므로 참고하시기 바랍니다. 끝.

제5장
사업시행계획

5-1 사업시행계획

전략주택공급과-12180호(2023.10.12.)

사업시행계획 통합심의 전 임대주택 인수자 결정 여부

질의요지

서울시 통합심의 전 임대주택 인수자가 결정되어야 하는지와 관련 규정이 무엇인지

회신내용

「빈집 및 소규모주택 정비에 관한 특례법」 제49조제3항에 따라 사업시행자는 임대주택을 건설하는 경우 건축설계가 확정되기 전에 미리 세대면적, 세대수 등 임대주택에 관한 사항을 인수자와 협의한 후 이를 사업시행계획서에 반영하여야하는 바, 임대주택 건설에 따른 특례를 적용한 건축설계(안)의 적정성을 심의받고자 하는 사업시행자는 인수자와 협의된 건축설계(안)을 심의신청하여 완화의 적용 여부 및 완화 범위를 결정(검토) 받을 수 있음을 알려드립니다. 끝.

공동주택지원과-20555호(2023.11.20.)

국민주택규모 건설 비율 의무 적용 여부 등

➲ 질의요지

「빈집 및 소규모주택 정비에 관한 특례법」 제32조(주택 규모 및 건설비율 등)에 따라 국민주택규모의 주택건설비율 적용 여부 및 소유자 100%동의 시 민영주택건설사업으로 사업이 가능한지?

➲ 회신내용

「빈집 및 소규모주택 정비에 관한 특례법」 제32조제2항에 따라 국토교통부장관은 전체 세대수의 100분의 90이하로서 대통령령으로 정하는 범위에서 국민주택규모의 주택건설비율을 정하여 고시할 수 있도록 규정하고 있으나, 현재까지 별도 고시된 기준은 없음을 알려드립니다.

다만, 당해 사업구역의 기존주택의 규모 및 사업계획 등을 고려하여 사업계획승인권자가 결정할 수 있을 것으로 사료되오니 인허가권자인 해당 자치구에 문의하시기 바랍니다.

또한, 주택법에 따른 민영주택주택건설사업 추진 가능여부에 대하여는 당해 사업계획승인권자가 대상지 현황 및 사업계획 승인요건 충족여부 등을 종합적으로 검토하여 결정할 사항으로서 자세한 사항은 관련 도서를 구비하여 사업계획승인권자인 해당 자치구에 문의하시기 바라며, 이 경우 소규모재건축 사업에 적용되는 용적률 및 건축기준 완화, 조합원 특별분양 등은 제외되는 점도 고려하여 주시기 바랍니다. 끝.

공동주택과-506호(2024.07.05.)

소규모재건축 사업계획 변경 시, 구법과 신법 중 적용 법률

➲ 질의요지

「빈집 및 소규모주택정비법」 제정 이전에 사업시행계획인가를 득한 소규모재건축조합이 사업시행계획 변경인가 시 종전 법률을 준수해야 하는지?

➲ 회신내용

「빈집 및 소규모주택정비법」 부칙 <법률 제14569호,2017.2.8.> 제6조에 따라 종전 법률에 사업시행계획 인가를 받은 주택재건축사업의 경우 사업시행계획변경인가 절차를 이행하더라도 관리처분계획 수립 시기 및 절차 등은 종전 법률에 따라야 할 것으로 판단됩니다. 끝.

공동주택과-4582호(2025.03.21.)

건축심의 후 사업시행계획인가 신청을 위한 총회 개최 필요 여부

➲ 질의요지

건축 심의 통과 후 조합 총회를 개최하여 사업시행계획인가를 신청해야 하는지?

➲ 회신내용

「빈집 및 소규모주택 정비에 관한 특례법」 제29조제3항에 따르면 사업시행계획인가를 신청하기 전에 미리 제26조제2항 각 호의 어느 하나에 해당하는 동의 또는 의결을 거쳐야 하며, 조합인 경우 조합 총회에서 조합원 과반수의 찬성으로 의결을 받아야 함을 알려드립니다. 끝.

전략주택공급과-3871호(2025.03.27.)

사업시행계획 인가 시 국공유지 매매계약서 사본 첨부

➲ 질의요지

사업시행계획 인가 시 국공유지 매매계약서 사본 첨부 의무 여부

➲ 회신내용

소규모주택정비법 제56조제2항제2호에는 국유·공유재산 처분 등에 관하여 「도시 및 주거환경정비법」(이하 '도시정비법')을 준용토록 하며, 도시정비법 제98조 및 「서울시 도시 및 주거환경정비조례」 제55조에 따라 국공유지를 점유·사용하고 있는 자가 우선 매수 시 관리처분계획인가 신청하는 때까지 국·공유지의 관리청과 매매계약을 체결하여야 합니다.

아울러, 「빈집 및 소규모주택 정비에 관한 특례법」(이하 '소규모주택정비법') 제33조에 따른 관리처분계획 수립 시 분양대상자별 대지 또는 건축물의 추산액은 「서울특별시 빈집 및 소규모주택 정비에 관한 조례 시행규칙」 별지15호 서식에 따라 작성하여야 하며, 국공유지 매매계약서 사본을 첨부토록 하고 있습니다.

다만, 「소규모주택정비사업」은 사업시행계획인가 신청서 제출시 관리처분계획을 포함하여 제출하여야 하는 바, 사업시행계획인가 신청전까지 국공유지 매매계약을 체결하고 매매계약서 사본을 첨부하여야 함을 알려드립니다. 끝.

5-2 건축·통합심의

공동주택지원과-24027호(2022.06.03.)

소규모재건축에서 건축법 등 타법에 따른 용적률 완화 적용 등

➲ 질의요지

(질의1) 용도지역이 유지되는 소규모재건축사업의 경우, 타법(「건축법」 제8조) 및 「서울특별시 건축물 심의기준」 제21조에 의한 용적률 완화 적용 가능여부

(질의2) 타법 등에 의한 용적률 완화 적용이 가능할 경우 계획된 용적률이 서울시 도시계획조례에 의한 용도지역내 용적률 초과 시, 「빈집 및 소규모주택 정비에 관한 특례법」 제26조에 의거 건축위원회 심의를 통한 완화 결정 가능여부 및 「빈집 및 소규모주택 정비에 관한 특례법」 제27조에 의한 통합심의 대상 여부

➲ 회신내용

(질의1) 「국토의 계획 및 이용계 관한 법률」 제78조제7항(신설 2021.10.8)에 의거 이 법 및 「건축법」 등 다른 법률에 따른 용적률의 완화에 관한 규정은 중첩하여 적용할 수 있습니다.

(질의2) 용적률 완화 규정을 중첩 적용하여 완화되는 용적률이 같은법 시행령 제85조에서 정하고 있는 해당 용도지역별 용적률 최대한도를 초과하는 경우 지구단위계획구역은 지구단위계획에서 정하는 범위 내에서, 지구단위계획구역외의 구역은 같은법 시행령 제85조에서 정하고 있는 해당 용도지역별 용적률 최대한도의 120% 이하에서 관할 시·도지사, 시장·군수 또는 구청장이 제30조제3항 단서 또는 같은 조 제7항에 따른 건축위원회와 도시계획위원회의 공동 심의를 거쳐 완화 받을 수 있으며 관련하여 해당 부서(도시관리과 등)와 협의하시기 바랍니다. 끝.

전략사업과-22760호(2022.06.17.)

정비기반시설 설치계획 수립 시 심의 대상

➲ 질의요지

가로주택정비사업 추진 시 도시계획시설로 결정되는 정비기반시설 설치계획을 포함할 경우 「빈집 및 소규모주택 정비에 관한 특례법」 제26조에 따른 건축심의 대상인지? 아니면 동법 제27조에 따른 통합심의 대상인지 여부 (※ 용도지역 변경 및 임대주택 건립계획이 없어 시·도지사 통합심의 대상은 아님)

➲ 회신내용

소규모주택정비법 제27조제1항에 따르면 시장·군수 등은 소규모주택정비사업과 관련된 다음 사항 중 둘 이상의 심의가 필요한 경우에는 이를 통합하여 심의하도록 하고 있습니다.

1) 「건축법」에 따른 건축심의
2) 「국토의 계획 및 이용에 관한 법률」에 따른 도시·군관리계획 및 개발행위 관련 사항
3) 그 밖에 시장·군수 등이 필요하다고 인정하여 통합심의에 부치는 사항

따라서, 질의내용과 같이 건축심의 시 건축계획과 도시계획시설로 결정되는 정비기반시설 설치계획을 포함하여 심의를 받고자 할 경우 통합심의를 받아야 함을 알려드립니다. 끝.

전략주택공급과-4232호(2023.04.07.)

인접대지경계선에 대한 대지 안의 공지 완화

➲ 질의요지

서울시 통합심의가 아닌 자치구 건축심의 대상 가로주택정비사업 추진 시에도, 「市 모아주택·모아타운 활성화를 위한 심의기준」에 따라 대지안의 공지 완화 기준 적용 시 인접대지경계선에 대하여는 적용을 배제하여야 하는지?

➲ 회신내용

「市 모아주택·모아타운 활성화를 위한 심의기준」에서는 「빈집 및 소규모주택 정비에 관한 특례법 시행령」 제40조(건축규제의 완화 등에 관한 특례)에 따른 건축규제 완화규정의 적용 방식에 대하여 구체화하면서, 전용·일반주거지역에서 추진되는 가로주택정비사업의 인접대지경계선에 대하여는 대지안의 공지 규정 완화를 미적용하도록 하고 있습니다.

한편, 해당 기준은 자치구 건축심의에도 준용하도록 되어 있으며, 준용 범위나 방식에 관련된 자세한 사항은 관할 자치구에 문의하여 주시기 바랍니다. 끝.

전략주택공급과-8927호(2023.07.25.)

지구단위계획구역 내 가로주택사업의 임대주택 용적률 완화를 받을 때 통합심의 여부

질의요지

지구단위계획 내에서 가로주택정비사업으로 공공임대주택을 건설하여 용적률 및 최고 높이 완화를 받고자 하는 경우 통합심의 여부

회신내용

소규모주택정비법 제27조제1항에 따르면 법적상한용적률을 초과하여 건축하는 경우에는 시·도지사에게 통합심의를 요청하여야 하며, 시·도지사의 통합심의를 거친 경우에는 시장·군수등의 통합심의를 거친 것으로 본다고 되어 있습니다.

한편, 같은법 제55조제1항에 따라 사업시행계획인가를 받은 때에는 지구단위계획구역 및 지구단위계획 결정의 인·허가 등이 있은 것으로 본다고 되어 있습니다. 이에 따라 가로주택정비사업으로 공공임대주택을 건설하여 용적률 등 완화를 받으려는 경우 「서울특별시 빈집 및 소규모주택 정비에 관한 조례」 제30조에 따른 통합심의를 거쳐야 할 것으로 판단됩니다. 끝.

전략주택공급과-2123호(2025.02.20.)

세대수 증가 등 심의 내용 및 사업계획에 변동으로 인한 재심의 여부

질의요지

市 통합심의 가결 이후 공용면적을 줄이고 세대수를 늘려 기 심의(안) 보다 분양세대가 2세대 증가하는 건축계획을 검토 중으로,

건축심의 사항을 유지하는 범위 이내의 세대수 변경이 이루어질 경우 재심의 여부

회신내용

「빈집 및 소규모주택 정비에 관한 특례법(이하 '소규모주택정비법')」 제26조제1항에 따르면 건축물의 용도와 건폐율·용적률·주택의 규모 및 건설비율 등 건축계획에 대하여 심의를 거쳐 사업시행계획서를 작성하도록 하고 있는 바, 세대수 증가로 인하여 소규모주택정비법에서 규정하는 심의 내용 및 사업계획에 변동이 있을 경우 재심의 대상에 해당할 것으로 사료됩니다.

아울러 소규모주택정비법과 「건축법」은 각 법령의 입법 취지(목적) 및 작동기제로 미루어 보아 서로 다른 개별 법령으로 보는 것이 타당하고,

소규모주택정비법 제27조에 의거 건축규제·법적상한용적률 완화 등 2 이상이 포함되어 市 통합심의를 받아야 하는 경우 外 개별(단일) 건축물의 심의는 「건축법」에 따른 區 건축위원회를 통해서도 검토가 가능하므로 자치구에서 건축도면 등을 바탕으로 종합적으로 판단하시기 바랍니다. 끝.

전략주택공급과-4726호(2025.04.11.)

심의결과 반영을 위한 일부 사업시행계획 변경 시 재심의

질의요지

심의결과 반영을 위한 일부 사업시행계획 변경이 수반되었을 경우 통합심의를 다시 거쳐야 하는지?

회신내용

「빈집 및 소규모주택 정비에 관한 특례법」 제26조, 제27조 및 같은법 시행령 제24조에서는 심의 등 생략에 대한 사항을 별도로 정하고 있지 않으며,

「건축법」 제4조 및 같은법 시행령 제5조의5 제2항 및 「서울특별시 건축 조례」 제7조제2항에서는 건축위원회 심의등을 생략할 수 있는 사항을 정하고 있습니다.

이에 따라 사업시행계획 변경사항이 위 규정에 따른 '건축위원회의 심의등의 결과를 반영하기 위하여 건축물의 건축등에 관한 사항을 변경하는 경우' 등 심의 등을 생략할 수 있는 사항에 해당되는지 여부는 가로주택정비사업의 사업시행계획인가권자인 관할 자치구에서 구체적인 건축물의 건축등의 내용과 관련 법령 등을 종합적으로 고려하여 판단하는 것이 바람직할 것으로 사료됩니다. 끝.

5-3 임대주택

전략사업과-20112호(2022.03.24.)

세입자의 임대주택 공급

➲ 질의요지

가로주택정비사업 진행 시 「빈집 및 소규모주택 정비에 관한 특례법」 제34조제6항에 따라 임대주택이 건립될 경우, 같은법 시행령 제34조제1항 및 서울시 조례 제40조 규정에 해당하는 구역 내 세입자에게 건립되는 임대주택 공급이 가능한지?

➲ 회신내용

「서울시 빈집 및 소규모주택 정비에 관한 조례」 제40조제1항에 따라 해당 사업시행구역 안에 거주하는 세입자로서 세대별 주민등록표에 등재된 날을 기준으로 기준일 3개월전부터 사업시행계획인가로 인하여 이주하는 날까지 계속하여 거주하고 있는 무주택세대주의 경우 임대주택 공급대상자의 자격이 있으며, 조례 제40조제2항 및 제3항에 따라 공급순위 및 선정방법을 정하고 있음을 알려드립니다. 끝.

전략주택공급과-4307호(2022.11.29.)

주택법에 따른 사업계획승인 대상 여부

➲ 질의요지

가로주택정비사업의 사업계획승인 대상 여부

➲ 회신내용

가로주택정비사업의 경우 「빈집 및 소규모주택 정비에 관한 특례법」 상 가로구역요건, 기존 주택수, 노후도 등 요건에 충족할 경우 사업시행계획인가를 받도록 되어 있으며,

같은 법 제55조(다른 법률의 인·허가등의 의제등)에 의거 주택법 제15조에 따른 사업계획승인 대상인 경우 의제처리됨을 알려드리오니 보다 자세한 사항은 사업계획승인권자인 관할 자치구청장에게 문의하여 주시기 바랍니다. 끝.

전략주택공급과-131호(2025.01.03.)

분양신청 후 분양계약을 체결하지 않은 조합원을 "분양신청 포기자"로 인정

질의요지

가로주택정비사업에서 조합원 분양신청서를 제출하였지만 분양계약을 체결하지 아니한 조합원도 「서울특별시 빈집 및 소규모주택 정비에 관한 조례」 제40조제1항제2호에 따른 "분양신청을 포기한 자"에 해당하는지?

(가로주택정비사업에서 향후 분양계약 기간을 통지할 예정이나, 사업비가 증가하고 있는 상황에서 분양신청을 철회하고 임대주택을 공급받고자 하는 조합원이 다수 발생하고 있는 현황임)

회신내용

도시정비법에 정비사업의 경우에도 정비사업조합의 정관에서 조합원이 분양계약 체결기간 내에 분양계약을 체결하지 않으면 현금청산대상자가 된다고 규정하고 있는 경우, 분양계약을 체결하지 않은 조합원은 분양계약 체결기간의 종료일 다음날 조합원 지위를 상실하여 현금청산대상자가 된다는 것이 기존의 확립된 대법원 판례(대법원 2008. 10. 9. 선고 2008다37780 판결 등 참조)입니다.

따라서 분양계약 체결기간 및 정관에서 정한 최고기간 이후에도 분양계약을 체결하지 않은 가로주택정비사업 조합원은 분양계약 체결기간 종료일 다음 날 현금청산대상자가 되는 것으로 봄이 타당할 것으로 판단됩니다.

한편 소규모주택정비법 제34조제6항에서 사업시행자는 임대주택을 건설하는 경우 임차인의 자격 등에 관하여 같은 법 시행령 제34조에서 정하는 범위에서 시장·군수의 승인을 받아 따로 정할 수 있다고 하고 있습니다.

같은 법 시행령 제34조 및 [별표 1]의 제1호나목에서는 기준일 현재 해당 사업시행구역에 토지등을 소유한 사람으로서 주택분양에 관한 권리를 포기한 사람 중 임대주택의 입주를 희망하는 사람에게 임대주택을 공급한다고 규정하고 있는바, 분양계약을 체결하지 않아 정관에 따라 조합원이 현금청산자가 된 경우에는 시행령 [별표 1]의 제1호나목에 따른 '주택분양에 관한 권리를 포기한 사람'에 해당한다고 봄이 적합할 것으로 사료됩니다.

다만, 분양 및 임대주택 계획 등 명세와 처분방법 등은 법 제33조 및 제34조에 따라 사업시행계획(관리처분계획)에서 수립 또는 변경하여야할 사항으로 구체적인 내용에 관하여서는 인가권자인 귀 청(부서)에서 적의 판단하여 처리하시기 바랍니다. 끝.

전략주택공급과-148호(2025.01.06.)

분양신청을 포기한 자의 임대주택 공급

➔ 질의요지

분양신청을 포기한 자의 임대주택 공급 가능여부

➔ 회신내용

「서울특별시 빈집 및 소규모주택 정비에 관한 조례」 제40조에 따르면 해당 사업시행구역 안의 주택을 공급받을 자격을 가진 토지등소유자로서 분양신청을 포기한 자(철거되는 주택 이외의 다른 주택을 소유하지 않은 자에 한한다)는 제2순위로 임대주택을 공급할 수 있도록 규정하고 있습니다.

다만 주택공급에 관한 자세한 사항은 추후 관리처분계획 수립을 통해 결정됨을 알려드립니다. 끝.

전략주택공급과-2540호(2025.02.28.)

임대주택 입주자 우선순위

➔ 질의요지

임대주택 입주자 우선순위 관련

➔ 회신내용

소규모주택정비사업의 시행으로 건설된 임대주택의 우선순위는 「서울특별시 빈집 및 소규모주택 정비에 관한 조례」 제40조(임대주택 공급대상자 등)제2항에 의거 1순위 사업시행계획인가로 인하여 이주하는 날까지 계속하여 거주하고 있는 무주택세대주, 2순위 분양대상 토지등소유자로서 분양신청을 포기한 자, 3순위 사업시행구역 이외의 소규모주택정비사업 안의 세입자, 4순위 사업시행구역에 인접하여 시행하는 도시계획사업으로 철거되는 주택의 소유자 또는 무주택세대주입니다. 끝.

5-4 세입자대책

전략주택공급과-4738호(2023.04.18.)

세입자 대책 반영을 위한 관리계획 변경

질의요지

(질의1) 모아타운(소규모주택정비) 관리계획 승인고시 이후 세입자 대책(조례에 따른 세입자 손실보상 적용)을 마련하여 반영하는 경우 관리계획의 경미한 변경에 해당하는지 여부

(질의2) 세입자 대책을 위해 용적률 완화사항을 포함하는 사업시행계획변경계획을 수립 시 통합심의 위원회 심의를 받아야 하는지 여부

(질의3) 세입자대책을 수립하여 용적률 완화사항을 포함하는 경우 사업시행계획인가사항의 경미한 변경에 해당하는지 여부

회신내용

(질의1) 소규모주택정비조례 제44조의2 제3호에 “관계법령 또는 조례 등의 개정내용을 반영하기 위한 변경의 경우 관리계획의 경미한 변경”으로 규정하고 있으므로 조례개정내용을 반영하여 세입자 손실보상을 적용하는 것은 관리계획의 경미한 변경사항으로 사료됩니다.

(질의2) 사업시행계획인가 후 조례개정(‘22.10.17)에 따른 세입자 손실보상을 위한 사업시행계획변경사항이 경미한 변경에 해당될 경우 통합심의를 다시 받을 필요가 없을 것으로 사료됩니다.

(질의3) 사업시행계획인가사항의 경미한 변경에 해당하는지 여부는 인허가권자인 자치구에서 판단하여 처리해야 할 것으로 사료됩니다. 끝.

공동주택지원과-10534호(2023.06.20.)

소규모재건축사업의 세입자 대책

질의요지

소규모재건축사업 시 이주비대책을 계획하면서 소유자외 세입자에게 이주비를 지급하는 등 계획에 대한 인센티브를 받을 수 있는지 여부

회신내용

소규모주택정비법 제44조의4제3항에 의거 관리지역에서 「공익사업을 위한 토지 등의 취득 및 보상에 관한 법률」을 준용하지 않은 가로주택정비사업의 사업시행자가 「공익사업을 위한 토지 등의 취득 및 보상에 관한 법률」에 준용하여 세입자 손실보상을 하는 경우 제1항에도 불구하고 임대주택 공급 비율을 최대 100분의 30까지 완화하여 적용할 수 있으나, 소규모재건축사업은 적용대상이 아님을 알려드립니다. 끝.

전략주택공급과-7785호(2023.06.29.)

모아타운 세입자 대책

질의요지

모아타운 내 임차인에 대한 대책

회신내용

모아주택사업 추진을 위한 관계 법률인 「빈집 및 소규모주택 정비에 관한 특례법 」제35조의2 및 동법 시행령 제34조의2에 따르면 소규모재개발사업 또는 가로주택정비사업(시장·군수등 또는 토지주택공사등이 관리지역에서 시행하는 경우로 한정)을 시행하기 위하여 필요한 경우 「공익사업을 위한 토지 등의 취득 및 보상에 관한 법률」에 따른 토지·물건 및 권리를 수용 또는 사용할 수 있으며, 이 경우 세입자에 대한 이주대책 수립 등 손실보상을 하도록 규정하고 있음을 알려드립니다.

한편, 우리시는 모아주택사업 추진 시 세입자 등이 소외되거나 배제되지 않도록 주거약자를 배려하기 위하여 토지수용권이 없는 모아주택사업을 추진하는 경우에도 사업시행자로 하여금 세입자 손실보상을 유도할 수 있도록 관련 조례인 「서울시 빈집 및 소규모주택 정비에 관한 조례」를 개정한 바 있으며, 조례 제50조제1항에 따라 세입자 손실보상을 하는 경우 임대주택 비율을 완화하는 방안으로 세입자 보호대책을 마련하였음을 알려드립니다. 끝.

전략주택공급과-14195호(2023.11.24.)

세입자 이주대책 기준일

질의요지

「빈집 및 소규모주택 정비에 관한 특례법 시행령」 제34조의2(이주대책의 수립 등 손실보상) 제1항 조문상의 "소규모주택정비 관리계획 승인고시일"이라 함은

①모아타운 대상지 선정일, ②모아타운 대상지 권리산정기준일, ③모아타운 관리계획 선지정 고시일, ④모아타운 관리계획 고시일

네 가지 중 어느 것에 해당되는지?

회신내용

우리 시에서 추진중인 '모아주택·모아타운'은 서울시 정책브랜드로 법적명칭이 아니며 소규모주택정비법에 따른 '소규모주택정비 관리지역(모아타운)'과 관리지역 내에서 시행하는 소규모주택정비사업(모아주택)을 뜻하며, 질의하신 '소규모주택정비 관리계획 승인고시일'은'모아타운 관리계획 승인고시일'임을 알려드리니 업무에 참고하시기 바랍니다. 끝.

전략주택공급과-15820호(2023.12.29.)

주민제안 방식 모아타운의 세입자 보상 대책 적용 가능여부

➲ 질의요지

주민제안 방식 모아타운도 세입자 보상대책 적용 시 용적률 완화 가능한지?

➲ 회신내용

우리시에서는 주거약자인 세입자가 소외되지 않도록 모아타운 내 수용권이 없는 모아주택(가로주택정비사업) 시행 시 세입자 손실보상이 가능토록 「서울특별시 빈집 및 소규모주택 정비에 관한 조례」를 개정하여 '22.10.17.부터 시행하였으며,

조례 제44조의4 제3항 및 제50조 제1항 제2호에 따라 관리지역에서 「공익사업을 위한 토지 등의 취득 및 보상에 관한 법률」을 준용하지 않은 가로주택정비사업의 사업시행자가 「공익사업을 위한 토지 등의 취득 및 보상에 관한 법률」을 준용하여 세입자 손실보상을 하는 경우 조례 등에서 정하는 바에 따라 용적률을 완화하여 적용할 수 있도록 하고 있습니다.

이에 따라 귀하께서 문의하신 모아타운 관리계획 수립대상지 선정 방식(자치구 공모 또는 주민 제안)과는 관계없이 조례에서 정하는 바와 같이 관리지역(모아타운)에서는 세입자 보상대책 관련 위 조례 기준이 동일하게 적용 가능합니다.

다만, 주민제안 방식의 경우 관리계획 수립 이전에 사전협의 및 전문가 사전자문을 통하여 관리계획 수립을 위한 적정 대상범위를 결정하도록 하고 있으며, 위 조례에서 정하는 세입자 보상대책은 관리계획 수립 및 사업시행계획인가 시 사업시행자가 해당지역 여건을 고려하여 구체적인 적용을 검토해야 하는 사항임을 알려드리오니 이 점 참고하여 주시기 바랍니다. 끝.

전략주택공급과-2766호(2024.08.28.)

조합 통합 시, 손실 보상 대상자의 인정 시점

질의요지

조합 해산 후 통합 시, 주거이전비 및 영업손실 등 보상대상자의 인정 시점

회신내용

소규모주택정비법에서는 주거이전비 및 영업손실 등 보상에 관하여 규정하고 있지 않고, 시 조례 제44조의4 제3항 및 제50조에서는 「공익사업을 위한 토지 등의 취득 및 보상에 관한 법률」을 준용하도록 규정하고 있습니다.

보상대상자의 인정 시점은 주거 이전으로 인한 특별한 손실의 보상이라는 주거 이전비 제도의 취지 등을 고려 및 보상만을 목적으로 이주·전입하는 사례를 방지하고 정당한 보상을 하기 위해 사업시행이 사실상 확정되고 외부에 공표되어 누구나 알 수 있는 시점을 기준으로 하는 것이 바람직 할 것으로 사료됩니다.

따라서, 기존 조합의 해산 후 통합하더라도 기존 조합의 최초 조합설립인가일을 기준으로 하는 것이 조합설립인가 고시로 사업시행구역이 사실상 확정되고 개발사업을 일반이 인지하게 되는 시점이므로 적정할 것으로 판단됨을 알려드립니다. 끝.

제6장

관리처분계획 및 분양

6-1 주택공급의 기준

전략사업과-20495호(2022.04.04.)

동일규모 주택분양 경합 시 주택공급

➲ 질의요지

가로주택정비사업 분양 시 동일규모 주택분양 경합이 있는 경우 주택공급 기준

➲ 회신내용

문의하신 가로주택정비사업의 주택공급에 관한 기준은 「서울시 빈집 및 소규모주택 정비에 관한 조례」에서 규정하고 하고 있으며, 조례 제38조제1항제3호에 "동일규모의 주택분양에 경합이 있는 경우에는 권리가액이 많은 순으로 분양하고, 권리가액이 동일한 경우에는 공개추첨에 따른다"고 규정하고 있음을 알려드리니 해당업무에 참고하시기 바랍니다. 끝.

전략사업과-23845호(2022.07.18.)

가로주택정비사업 3주택 공급

➲ 질의요지

가로주택정비사업에서의 3주택 공급 기준

➲ 회신내용

「빈집 및 소규모주택 정비에 관한 특례법」 제33조제3항 7호라목 규정에 따라 가로주택정비사업은 3주택까지 공급할 수 있고, 다가구주택을 소유한 자에 대하여는 제1항제5호에 따른 가격(종전 토지 또는 건축물 가격)을 최소분양 규모의 추산액으로 나눈 값(소수점 이하는 버림)만큼 공급할 수 있으므로 구체적인 사항은 정관 및 관리처분계획으로 정할 사항임을 알려드립니다. 끝.

전략사업과-24215호(2022.07.28.)

가로주택정비사업의 분양대상자 및 주택공급 기준

질의요지

가로주택정비사업의 분양대상자 및 주택공급 기준

회신내용

「빈집 및 소규모주택 정비에 관한 특례법 시행령」 제31조제1항제3호 및 「서울특별시 빈집 및 소규모주택 정비에 관한 조례」 제37제1항 규정에 의거 가로주택정비사업의 분양대상자는 ① 주택을 소유한 자, ② 종전 토지의 총 면적이 90㎡ 이상인 자, ③ 권리가액이 분양용 최소규모 공동주택 1가구 추산액 이상인 자 중 어느 하나에 해당하는 자로 하며, 가로주택정비사업의 주택공급 기준과 관련하여, 「서울특별시 빈집 및 소규모주택 정비에 관한 조례」 제 38조제1항제1호에 따라 권리가액에 해당하는 분양주택가액의 주택을 분양하며 제1호에도 불구하고 정관 등으로 정하는 경우 권리가액이 많은 순서로 분양할 수 있음을 알려드립니다. 끝.

전략주택공급과-2680호(2022.10.21.)

가로주택정비사업 3주택 공급 시 전매 제한 적용 여부

질의요지

소규모주택정비법 제33조(관리처분계획의 내용 및 수립기준)제3항제7호다목에 따라 2주택을 공급하는 경우 그 중 1주택은 60㎡이하로 하고, 이전고시일 다음 날부터 3년간 전매할 수 없음. 한편 같은 호 라목에는 '가로주택정비사업의 경우에는 3주택 이하로'공급할 수 있으나 공급에 대한 제한 규정이 없음.

조합원이 3주택을 신청 시 소규모주택정비법 제33조제3항제7호라목에 따라 공급할 수 있다고 규정하고 있으므로 사업시행자가 정한 방법에 따라 주택을 공급할 수 있는지?

회신내용

소규모주택정비법 제33조제3항제7호 다목에 따라 2주택을 공급하는 경우 그 중 1주택은 주거전용면적 60㎡ 이하로 하고, 이전고시일 다음날부터 3년간 전매제한을 적용 받는 사항으로 이에 따른 주택을 공급해야 함을 알려드립니다.

3주택을 공급하는 경우에는 법령상 공급면적 및 전매제한에 대해 별도로 규정하는 바가 없으므로 조합에서 정관 및 관리처분계획으로 정한 방법에 따라야 할 것으로 판단됨을 알려드립니다. 끝.

전략주택공급과-10069호(2023.08.21.)

다물권자의 주택공급 기준

➲ 질의요지

가로주택정비사업의 경우 동일인이 3채의 주택을 소유하고 있다면 3주택까지 공급이 가능한지 여부 및 다가구주택 소유자의 주택공급기준

➲ 회신내용

「빈집 및 소규모주택 정비에 관한 특례법」 제33조제3항 7호라목에 규정에 따라 가로주택정비사업은 3주택까지 공급할 수 있으나, 동일인이 3채의 주택을 소유하고 있다고 하여 3주택 공급이 반드시 가능한 사항은 아니며, 이에 대해서는 조합 정관 및 관리처분계획에서 구체적으로 정할 사항임을 알려드립니다.

한편, 다가구주택을 소유한 자에 대하여는 같은 조 제1항제5호에 따른 가격(종전 토지 또는 건축물 가격)을 최소분양 규모의 추산액으로 나눈 값(소수점 이하는 버림)만큼 공급할 수 있다고 규정하고 있고, 이 경우 최대로 공급할 수 있는 세대수에 대해서는 별도의 제한을 두고 있는 않음을 알려드립니다. 끝.

전략주택공급과-11560호(2023.09.22.)

1세대에 속한 구성원이 각자 주택을 소유한 경우 분양대상

➲ 질의요지

(질의1) 1세대에 속한 구성원이 각자 주택을 소유한 경우 개별 분양대상자에 해당되는지

(질의2) 각 세대원이 주민등록 분리 세대일 경우 개별 분양대상자에 해당되는지

➲ 회신내용

(질의1) 「서울특별시 빈집 및 소규모주택 정비에 관한 조례」 제37조제2항제2호에 따라 여러명의 분양신청자가 1세대에 속하는 경우 여러 명의 분양 신청자를 1인의 분양대상자로 본다고 규정하고 있어 각 분양신청자가 1세대에 속한다면 원칙적으로 1주택만을 분양해야 할 것입니다.

단, 「빈집 및 소규모주택 정비에 관한 특례법」 제33조제3항제7호 다목 및 라목에 따르면 종전 주택의 가격, 주거전용면적의 범위 및 다가구 주택 여부에 따라 예외적으로 2주택이나 3주택을 공급할 수 있는 경우를 규정하고 있으니, 구체적인 사항에 대해서는 관리처분계획수립자인 해당 조합에 문의하여 주시기 바랍니다.

(질의2) 같은법 제24조제1항제2호에 따르면 동일한 세대별 주민등록표상에 등재되어 있지 아니한 배우자 및 미혼인 19세 미만의 직계비속은 1세대로 보며, 1세대로 구성된 여러 명의 토지등소유자가 조합설립인가 후 세대를 분리하여 동일한 세대에 속하지 아니하는 때에도 이혼 및 19세 이상 자녀의 분가를 제외하고는 1세대로 본다고 되어 있는바, 이러한 점을 참고하시기 바랍니다. 끝.

전략주택공급과-12722호(2023.10.23.)

권리가액이 분양주택 2채 가격 사이일 경우

질의요지

서울시 소규모주택정비 조례 제38조제1항제1호에서 '권리가액이 2개의 분양주택가액의 사이에 해당하는 경우에는 분양대상자의 신청에 따른다.'라고 규정하는 사항의 의미?

회신내용

「빈집 및 소규모주택 정비에 관한 특례법」 제33조제3항제7호라목에 의거 "가로주택정비사업은 3주택까지 공급할 수 있고, 다가구주택을 소유한 자에 대하여는 제1항제5호에 따른 가격(종전자산평가액)을 분양주택 중 최소분양단위 규모 추산액으로 나눈 값(소수점 이하는 버린다)만큼 공급할 수 있다."고 규정하고 있으며, 이에 관한 구체적인 사항은 조합원수, 전체 공급세대수 등에 따라 조합 정관 및 관리처분계획에서 정할 사항임을 알려드립니다.

한편, 서울시 소규모주택정비조례 제38조제1항제1호에 관한 사항은 소규모주택정비법 시행령 제31조제1항제7호에 따라 주택의 공급순위에 대한 구체적인 기준을 규정하는 사항으로 주택 분양 시 권리가액에 해당하는 분양주택가액의 주택을 분양하도록 하고 있으며, 이 경우 권리가액이 2개의 분양주택가액의 사이에 해당하는 경우에는 분양대상자의 신청에 따르도록 하고 있습니다.

이는 권리가액이 2개의 분양주택가액의 사이에 해당하는 경우 분양대상자가 이 중 하나의 분양주택을 선택하여 신청하라는 의미임을 알려드리니 이 점 참고하시기 바랍니다. 끝.

공동주택지원과-79호(2024.01.02.)

층별로 나누어 동·호수 공개추첨 가능여부

질의요지

소규모재건축사업을 추진 중인 조합에서 관리처분 총회에서 층수를 나누어 동호수 추첨방식으로 공개추첨이 가능한지?

회신내용

「빈집 및 소규모주택 정비에 관한 특례법」 제31조에 따르면 주택의 공급순위는 기존 토지 또는 건축물의 가격을 고려하여 정하고 구체적인 기준은 조례로 정한다고 되어 있으며,

「서울특별시 빈집 및 소규모주택 정비에 관한 조례」 제38조제1항 제3호에 따르면 주택의 동·층 및 호의 결정은 주택규모별 공개추첨에 따른다고 되어 있습니다.

다만, 「빈집 및 소규모주택 정비에 관한 특례법」 제31조제2항 단서의 규정에 따라 조합이 조합원 전원의 동의를 받아 그 기준을 따로 정하는 경우에는 그에 따르도록 되어 있으므르 조합의 구체적인 평형 별 배정에 관하여는 조합정관 등을 참고하여 조합설립인가권자인 자치구에 문의하여 주시기 바랍니다. 끝.

전략주택공급과-120호(2024.01.03.)

공개추첨의 의미

질의요지

「서울시 빈집 및 소규모주택 정비에 관한 조례」 제38조(주택공급의 기준 등) 상의 '공개추첨'의 의미가 무엇인지?

회신내용

조례 제38조 제1항제3호에 따르면 "동일규모의 주택분양에 경합이 있는 경우에는 권리가액이 많은 순으로 분양하고, 권리가액이 동일한 경우에는 공개추첨에 따르며, 주택의 동·층 및 호의 결정은 주택규모별 공개추첨에 따른다."고 규정하고 있습니다.

이는 개발사업에 따른 신규주택 공급 시 동호수 배정에 따라 개별 조합원들의 이해관계가 첨예하게 걸리는 문제가 발생함에 따라 공개추첨을 통하여 동호수 추첨·배정이 투명하고 공정한 절차에 따라 이루어지도록 하는 취지임을 알려드리니 이러한 점을 참고하시기 바랍니다. 끝.

전략주택공급과-2412호(2024.02.20.)

주택의 동·층 및 호의 결정

질의요지

(질의1) 「서울특별시 빈집 및 소규모주택 정비에 관한 조례」 제38조와 관련하여, 서로 다른 평형에 사는 조합원들이 모두 같은 평형으로 분양 신청하는 경우 권리가액이 높은 순서대로 동·호수를 결정할 수 있는지? 아니면 권리가액과 무관하게 동·호수를 무작위로 공개추첨 해야 하는지?

(질의2) 만일 본 조례를 어기면 별도의 벌칙이 있거나 시 차원에서 불이익을 줄 수 있는지?

회신내용

(질의1) 「서울특별시 빈집 및 소규모주택 정비에 관한 조례」 제38조제1항제2호에서는 정관 등으로 정하는 경우 권리가액이 많은 순서대로 주택을 분양할 수 있다고 규정하고 있습니다.

다만 제3호에 의거 동일규모의 주택분양에 경합이 있는 경우에는 권리가액이 많은 순으로 분양하고, 권리가액이 동일한 경우에는 공개추첨에 따르며 주택의 동·층 및 호의 결정은 주택 규모별로 공개추첨을 통해 결정하도록 되어 있습니다.

(질의2) 분양설계 등 주택공급의 기준은 법 제30조에 따라 관리처분계획으로 사업시행계획서에 포함해야하는 내용이며, 법 제33조, 같은 법 시행령 제31조에서는 주택 공급순위 선정은 조례로 정하도록 위임하고 있습니다.

만일 사업시행계획서등에 위반되었다고 인정되는 때에는 법 제54조제4항에 의거 사업시행계획인가 취소 등의 조치를 취할 수 있으며, 제54조제4항에 따른 처분의 취소·변경 또는 정지, 그 공사의 중지 및 변경에 관한 명령을 받고도 이에 따르지 아니한 조합 등 사업시행자는 법 제61조에 따라 2년 이하의 징역 또는 2천만원 이하의 벌금에 처할 수 있음을 알려드립니다. 끝.

전략주택공급과-6855호(2024.05.28.)

다가구주택 소유자의 공급 주택 주거면적

➲ 질의요지

(질의1) 모아타운에서 가로주택정비사업 시행 시 소규모주택정비법 제33조제3항제7호라목에 따라 3주택을 공급받는 경우 다목에도 불구하고 주거전용면적을 토지등소유자가 원하는 주거전용면적으로 공급받을 수 있는지?

(질의2) 다가구주택의 경우 3주택을 초과하여 공급받을 수 있는지?

➲ 회신내용

(질의1) 소규모주택정비법 제33조제3항제7호에서는 각 목의 경우에는 각 목의 방법에 따라 주택을 공급할 수 있다고 규정하고 있으므로, 다목과 무관하게 라목에 따라 주거전용면적의 제한 없이 3주택 이하로 한정합니다.

(질의2) 한편 법 제33조제3항제7호라목 후단규정에 의거 다가구주택을 소유한 자에 대하여는 제33조제1항제5호에 따른 가격을 분양주택 중 최소분양단위 규모의 추산액으로 나눈 값만큼 주택을 공급할 수 있으므로 3주택 이하로 한정되지 않으나, 분양대상자별 주택공급 개수와 전용면적 등의 구체적인 분양설계 계획은 해당 조합정관과 사업시행계획(관리처분계획)에 의해 결정됩니다. 끝.

전략주택공급과-7985호(2024.12.30.)

다물권자의 주택 분양권리

질의요지

가로주택정비 사업지 내 2개의 필지가 있는 경우 권리가액과 주택 분양권리는 어떻게 결정되는지?

회신내용

우선, 가로주택정비사업은 「빈집 및 소규모주택 정비에 관한 특례법」 제33조에 따라 조합원은 3주택 이하로 공급받을 수 있으며 이때 권리가액은 소유한 건축물 또는 토지 등을 모두 합산하여 산정됩니다. (단, 다가구주택을 소유한 자에 대하여는 분양주택 중 최소분양단위 규모의 추산액으로 나눈 값만큼 공급받을 수 있음)

한편, 권리가액의 정의에 대해서는 「서울특별시 빈집 및 소규모주택 정비에 관한 조례」 제2조, 가로주택정비사업의 분양대상에 대해서는 조례 제37조, 가로주택정비사업의 주택공급에 관한 기준은 조례 제38조를 참고하시기 바랍니다. 끝.

공동주택과-6748호(2025.04.29.)

소규모재건축 관리처분계획에 공개추첨 조합원 동호수 배정방법을 포함

질의요지

관리처분계획에 공개추첨 조합원 동호수 배정방법을 포함해도 되는지?

회신내용

「빈집 및 소규모주택 정비에 관한 특례법 시행령」 제31조에 따르면 주택의 공급순위는 기존 토지 또는 건축물의 가격을 고려하여 정하고 구체적인 기준은 조례로 정한다고 되어 있으며,

「서울특별시 빈집 및 소규모주택 정비에 관한 조례」 제38조제1항 제3호에 따르면 주택의 동층 및 호의 결정은 주택규모별 공개추첨에 따른다고 되어 있습니다.

다만, 「빈집 및 소규모주택 정비에 관한 특례법 시행령」 제31조제2항 단서의 규정에 따라 조합이 조합원 전원의 동의를 받아 그 기준을 따로 정하는 경우에는 그에 따르도록 되어 있으므로 조합정관 등을 참고하여 조합설립인가권자인 자치구에 문의하시기 바랍니다. 끝.

6-2 분양대상 및 신청

공동주택지원과-583호(2022.01.10.)

소규모재건축사업 2주택 분양 기준

➲ 질의요지

소규모재건축사업 2주택 분양가능여부

➲ 회신내용

「빈집 및 소규모주택 정비에 관한 특례법」 제33조(관리처분계획의 내용 및 수립기준) 제3항제7호다목에 따르면 제33조제1항제5호에 따른 가격의 범위 또는 종전 주택의 주거전용면적의 범위에서 2주택을 공급할 수 있고, 이 중 1주택은 주거전용면적을 60㎡ 이하로 한다고 규정하였습니다.

다만, 60㎡ 이하로 공급받은 1주택은 제40조제2항에 따른 이전고시일 다음 날부터 3년이 지나기 전에는 주택을 전매(매매·증여나 그 밖에 권리의 변동을 수반하는 모든 행위를 포함하되 상속의 경우는 제외한다)하거나 전매를 알선할 수 없습니다.

상기의 규정에 따라 1명의 조합원에게 2주택 공급이 가능하나, 가격의 범위 또는 종전 주거전용면적의 범위를 종합 판단하여 처리할 사항으로, 2주택을 분양 받을 수 있는지 여부는 관리처분계획인가권자인 해당 자치구청장에게 문의하여 주시기 바랍니다. 끝.

전략사업과-20905호(2022.04.14.)

공유지분 토지소유자의 분양대상자 해당여부

➲ 질의요지

공유지분 토지소유자의 분양대상자 해당여부

➲ 회신내용

「서울특별시 빈집 및 소규모주택 정비에 관한 조례」 제37조(가로주택정비사업의 분양대상)에 "1주택 또는 1필지의 토지를 여러 명이 소유하고 있는 경우"는 여러 명의 분양신청자를 1인의 분양대상자로 보도록 정하고 있으므로 분양대상자는 대표자 1인입니다.

다만, 권리산정기준일 이전부터 공유로 소유한 토지의 지분이 "분양신청자가 소유하고 있는 종전토지의 총면적이 90㎡ 이상인 자" 또는 "분양신청자가 소유하고 있는 권리가액이 분양용 최소규모 공동주택 1가구의 추산액 이상인 자. 다만, 분양신청자가 동일한 세대인 경우의 권리가액은 세대원 전원의 가액을 합산하여 산정할 수 있다."에 해당하는 경우에는 그러하지 아니한다로 규정하고 있음을 알려 드립니다. 끝.

전략주택공급과-361호(2022.08.30.)

오피스텔 소유자의 공동주택 분양

➲ 질의요지

가로주택정비사업 구역 내 오피스텔 소유자의 경우에도 공동주택 분양권이 부여되는지 여부

➲ 회신내용

「빈집 및 소규모주택 정비에 관한 특례법 시행령」 제31조제1항제3호 및 「서울특별시 빈집 및 소규모주택 정비에 관한 조례」 제37제1항에 따르면 가로주택정비사업의 공동주택 분양대상자는 1)주택을 소유한 자, 2)종전 토지의 총 면적이 90㎡ 이상인 자, 3)권리가액이 분양용 최소규모 공동주택 1가구 추산액 이상인 자 중 어느 하나에 해당하는 자로 규정하고 있습니다.

한편, 오피스텔은 건축법 시행령 [별표 1]의 용도분류상 "업무를 주로 하며, 분양하거나 임대하는 구획 중 일부 구획에서 숙식을 할 수 있도록 한 건축물"로서 업무시설에 해당하는 사항으로, 오피스텔의 경우 권리가액이 분양용 최소규모 공동주택 1가구 추산액 이상인 경우에 한하여 분양대상자가 될 수 있음을 알려드리니 이러한 점을 참고하시기 바랍니다. 끝.

전략주택공급과-391호(2022.08.30.)

권리산정기준일 이후 토지를 취득할 경우 분양대상

➔ 질의요지

권리산정기준일 이후 공유지분으로 취득한 토지가 90㎡ 이상일 경우, 권리산정기준일 이후 취득한 토지가 단독 소유이면서 동시에 90㎡ 이상일 경우

➔ 회신내용

「서울특별시 빈집 및 소규모주택 정비에 관한 조례」 제37조제3항제3호에 따라 1필지의 토지를 권리산정기준일 후 분할하여 취득하거나 공유로 취득한 토지는 같은 규정 제1항제2호의 종전 토지의 총면적 산정에 포함하지 아니하므로 분양대상으로 볼 수 없을 것으로 사료됩니다.

권리산정기준일은 지분쪼개기 등으로 기존 세대수가 증가할 경우 지역주민들의 사업비 부담 증가로 인한 피해를 최소화 및 투기억제를 위해 정한 사항이며 정상적인 소유권 이전을 제한하는 것은 아님을 알려 드립니다. 이에, 권리산정기준일 이후 취득한 토지가 단독 소유이면서 동시에 90㎡ 이상인 경우는 「서울특별시 빈집 및 소규모주택 정비에 관한 조례」 제37조제1항제2호에 따른 가로주택정비사업의 분양대상이 될 수 있을 것으로 사료됩니다.

참고로, 모아타운은 「빈집 및 소규모주택 정비에 관한 특례법」에 따른 소규모주택정비 관리지역 제도에 근거하고 있으며 모아타운으로 지정되더라도 모든 토지등소유자에게 입주권 자격을 부여하지 않습니다. 모아타운 내에서 민간 또는 공공참여 방식으로 모아주택(소규모주택정비) 사업을 시행해야 하며 법률 및 조례 규정에 충족하는 토지등소유자만 주택 분양을 받을 수 있습니다. 끝.

전략주택공급과-1560호(2022.09.26.)

다가구용 단독주택의 다가구주택 인정

➔ 질의요지

가로주택정비사업의 경우 다가구주택을 소유한 자에 대해 권리가액을 분양주택 중 최소분양단위 규모의 추산액으로 나눈 값만큼 공급할 수 있는데, 이와 관련하여 건축물대장상 용도가 '다가구용 단독주택'으로 구분되어 있을 경우 다가구주택으로 볼 수 있는지 여부

➔ 회신내용

건축법상 다가구주택은 단독주택의 한 유형이며, 건축물대장상 용도가 '다가구용 단독주택'으로 구분되어 있다면 해당 건물은 다가구주택으로 사료되며, 이와 관련한 자세한 사항은 인허가권자인 관할자치구에 문의하시기 바랍니다. 끝.

전략주택공급과-3865호(2022.11.17.)

공공임대주택으로 오피스텔 공급

➲ 질의요지

용적률 상향을 위한 공공임대주택 계획 시 오피스텔로 공급이 가능한지?

➲ 회신내용

용적률 상향에 따라 건립하는 공공임대주택은 「공공주택특별법」 제2조제1호가목 및 같은법 시행령 제2조제1항 규정에 의한 주택으로써 오피스텔로 공급이 불가함을 알려드립니다. 끝.

전략주택공급과-4067호(2022.11.23.)

설계변경 등으로 인해 증가된 세대수의 분양대상 인정

➲ 질의요지

권리산정기준일까지 건축허가를 받아 착공신고를 득한 대지에 대하여, 권리산정기준일 고시 이후 설계변경 등으로 인해 증가된 세대수에 대하여 분양대상으로 인정되는지

➲ 회신내용

권리산정기준일 고시를 통해 현금청산 대상 행위를 정하는 이유는 기존 세대수가 늘어나 지역 주민들의 사업비 부담이 증가되는 피해를 최소화하고 투기 목적으로 행해지는 비경제적인 건축행위, 분양사기 등을 방지하기 위함입니다.

따라서 권리산정기준일 고시의 취지에 따라 권리산정기준일까지 건축허가를 받아 착공신고 득한 세대수는 분양대상이 되지만, 그 이후 설계변경 등으로 증가된 세대수는 분양대상으로 인정되지 않음을 알려드립니다. 끝.

전략주택공급과-8522호(2023.07.14.)

근린생활시설 소유자의 상가분양

질의요지

소규모주택정비사업 추진 시 근린생활시설 소유자의 경우 상가분양신청이 가능한지 여부

회신내용

소규모주택정비사업의 근린생활시설 소유자는 「빈집 및 소규모주택 정비에 관한 특례법 시행령」 제31조제1항 및 제2항에 따라 사업을 통해 조성되는 상가 등 부대시설 및 복리시설을 공급받을 수 있으며, 이에 대한 공급순위 선정의 구체적인 기준은 시·도조례로 정하도록 하고 있습니다.

이와 관련하여 「서울시 빈집 및 소규모주택 정비에 관한 조례」 제38조제2항에서 부대시설 및 복리시설 공급순위에 대한 기준을 아래와 같이 규정하고 있으니 이러한 점을 참고하시기 바랍니다. 끝.

1. 제1순위: 종전 건축물의 용도가 분양건축물 용도와 동일하거나 유사한 시설이며 사업자등록(인가·허가 또는 신고 등을 포함한다. 이하 이 항에서 같다)을 필한 건축물의 소유자로서 권리가액(공동주택을 분양받은 경우에는 그 분양가격을 제외한 가액을 말한다. 이하 이 항에서 같다)이 분양건축물의 최소분양단위규모 추산액 이상인 자
2. 제2순위: 종전 건축물의 용도가 분양건축물 용도와 동일하거나 유사한 시설인 건축물의 소유자로서 권리가액이 분양건축물의 최소분양단위규모 추산액 이상인 자
3. 제3순위: 종전 건축물의 용도가 분양건축물 용도와 동일하거나 유사한 시설이며 사업자등록을 필한 건축물의 소유자로서 권리가액이 분양건축물의 최소분양단위규모 추산액에 미달되나 공동주택을 분양받지 아니한 자
4. 제4순위: 종전 건축물의 용도가 분양건축물 용도와 동일하거나 유사한 시설인 건축물의 소유자로서 권리가액이 분양건축물의 최소분양단위규모 추산액에 미달되나 공동주택을 분양받지 아니한 자
5. 제5순위: 공동주택을 분양받지 아니한 자로서 권리가액이 분양건축물의 최소분양단위규모 추산액 이상인 자
6. 제6순위: 공동주택을 분양받은 자로서 권리가액이 분양건축물의 최소분양단위규모 추산액 이상인 자

전략주택공급과-8894호(2023.07.25.)

주거용으로 사용하고 있는 근린생활시설 소유자의 분양대상자 여부

질의요지

가로주택정비사업 추진 시 주거용으로 사용하고 있는 근린생활시설 소유자도 공동주택 분양대상자에 해당되는지 여부

회신내용

「빈집 및 소규모주택 정비에 관한 특례법 시행령」 제31조제1항제3호 및 「서울특별시 빈집 및 소규모주택 정비에 관한 조례」 제37제1항에 따르면 가로주택정비사업의 공동주택 분양대상자는 1)주택을 소유한 자, 2)종전 토지의 총 면적이 90㎡ 이상인 자, 3)권리가액이 분양용 최소규모 공동주택 1가구 추산액 이상인 자 중 어느 하나에 해당하는 자로 규정하고 있습니다.

따라서, 근린생활시설 소유자의 경우 가로주택정비사업의 공동주택 분양대상자에 해당되지 않는 사항이나, 근린생활시설의 권리가액이 분양용 최소규모 공동주택 1가구 추산액 이상인 경우에 한하여 분양대상자가 될 수 있음을 알려드리니 이러한 점을 참고하시기 바랍니다. 끝.

전략주택공급과-9922호(2023.08.17.)

사업시행계획인가 완료 후 조합원 매물을 매수할 경우 주택분양

질의요지

가로주택정비사업 사업시행계획인가 완료후 조합원 매물을 매수할 경우 입주권이 이전되는지

회신내용

「빈집 및 소규모주택 정비에 관한 특례법」 제24조제2항에 따라 투기과열지구가 아닌 지역에서 가로주택정비사업을 시행하는 경우 해당 사업의 건축물 또는 토지를 양수한 자에 대하여 조합원 지위가 양도되는 사항이므로, 질의하신 바와 같이 사업시행계획인가 완료 후 조합원 분양주택을 매수할 경우, 해당 주택의 매수자에게 조합원 지위가 양도되어 입주권이 이전되는 사항임을 알려드립니다. 끝.

전략주택공급과-9894호(2023.08.17.)

권리산정기준일 이전 착공한 근린생활시설을 준공 전 주택으로 설계 변경 하였을 때, 주택소유자 여부

➲ 질의요지

권리산정기준일이전에 착공신고를 득하여 현재 건설 중인 건축물의 근린생활시설을 준공 전에 주택으로 설계변경하였을때 분양대상자가 되는지

➲ 회신내용

권리산정기준일 고시를 통해 현금청산 대상 행위를 정하는 이유는 기존 세대수가 늘어나 지역 주민들의 사업비 부담이 증가되는 피해를 최소화하고 투기 목적으로 행해지는 비경제적인 건축행위, 분양사기 등을 방지하기 위함입니다.

따라서 권리산정기준일 고시의 취지에 따라 권리산정기준일까지 건축허가를 받아 착공신고 득한 세대수는 분양대상이 되지만, 그 이후 설계변경 등으로 증가된 세대수는 분양대상으로 인정되지 않습니다.

다만, 근린생활시설 소유자의 경우「서울특별시 빈집 및 소규모주택 정비에 관한 조례」제37조제1항에 따라 근린생활시설의 권리가액이 분양용 최소규모 공동주택 1가구 추산액 이상인 경우에 한하여 분양대상자가 될 수 있음을 알려드리니 이런한 점을 참고하시기 바랍니다. 끝.

전략주택공급과-11017호(2023.09.12.)

권리산정기준일 이전 토지 공유 소유자 분양대상

질의요지

「서울특별시 빈집 및 소규모주택 정비에 관한 조례」 제37조제2항제3호 단서 규정에 따라 권리산정기준일 이전부터 공유로 소유한 토지의 지분 또는 권리가액의 요건을 충족하는 경우라면 각 공유자마다 각각의 분양권을 가질 수 있는지?

이 경우 토지공유자가 단서 규정에 해당되어 분양자격이 있으나, 각 공유자가 같은조 같은항 제2호에 해당되어 1세대에 속하는 경우 분양자격에 관한 사항은?

회신내용

「서울특별시 빈집 및 소규모주택 정비에 관한 조례」 제37조제2항제3호에 따라 여러 명이 1주택 또는 1필지의 토지를 공유한 경우 원칙적으로 1주택만을 분양하도록 하고 있습니다.

다만, 단서 규정에 따라 권리산정기준일 이전부터 공유로 소유한 토지의 지분이 90㎡ 이상인 경우 또는 권리가액이 분양용 최소규모 공동주택 1가구 추산액 이상인 경우는 예외로 하고 있음을 알려드립니다.

한편, 같은 조 같은 항 제2호에서 여러 명의 분양신청자가 1세대에 속하는 경우 여러 명의 분양 신청자를 1인의 분양대상자로 본다고 규정하고 있는 바, 여러 명의 분양신청자가 1세대에 속한다면 1주택만을 분양하여야 함을 알려드립니다. 끝.

공동주택지원과-4337호(2024.03.11.)

조합설립 미동의 소유자에게 분양신청 통지를 누락한 경우

➲ 질의요지

「빈집 및 소규모주택 정비에 관한 특례법(이하 "소규모주택정비법"이라 한다)」에 따라 조합방식으로 추진되는 소규모재건축사업에서 같은 법 제24조에 따른 조합원은 소규모재건축사업에 동의한 자만 해당하는 바, 소규모주택정비법 제28조(분양공고 및 분양신청)제1항에 따라 진행되는 과정에서 사업에 미동의 토지등소유자에 분양신청 통지를 누락한 경우 절차상 하자로 봐야 하는지

➲ 회신내용

소규모주택정비법 제28조(분양공고 및 분양신청) 제1항에서 소규모재건축사업의 사업시행자는 심의 결과를 통지 받은 날부터 90일 이내에 분양대상자별 추산액, 분양신청기간 등을 토지등소유자에게 통지하도록 되어 있으며,

소규모주택정비법 제2조제1항제6호에 "토지등소유자"는 소규모재건축사업일 경우 사업시행구역에 위치한 건축물 및 그 부속토지의 소유자를 말하므로 "토지등소유자"의 범위는 이미 '조합원'의 자격을 갖추고 있는 자에 국한된다고 볼 수 없습니다. [대법원 판례 2022두56586 관리처분계획일부무효확인 등 참고]

이와 관련하여 절차 재이행 여부는 관계법령 및 여건 등을 종합적으로 고려하여 인가권자인 귀 구에서 적의 처리하시기 바랍니다. 끝.

전략주택공급과-5871호(2024.05.02.)

토지와 주택을 각각 분리하여 소유하는 경우 분양대상 여부

질의요지

소규모재개발 분양대상자 산정 시 토지와 주택을 각각 분리하여 소유하는 경우 토지의 면적 90㎡ 이상인 토지소유자와 주택소유자를 각각 분양대상자로 볼 수 있는지 여부

회신내용

「서울특별시 빈집 및 소규모주택 정비 조례」 제37조제2항제5호에 따라 권리산정기준일 이전부터 토지와 주택을 각각 분리하여 소유하는 경우 토지의 면적 90㎡ 이상인 자는 예외로 한다고 되어있어, 이 경우 토지소유자와 주택소유자를 각각 분양대상자로 볼 수 있을 것으로 판단됩니다. 끝.

전략주택공급과-2752호(2024.08.28.)

조합설립인가 후 주택 양수 시 분양대상

질의요지

가로주택정비사업 조합설립인가 이후 3주택 소유자인 1명(A)으로부터 2명(B,C)이 각각 1주택을 양수하여 총 3명이 3주택을 소유, 대표자 1인(A)을 조합원으로 보기로 하였는데, 이때 분양신청 및 관리처분 시 대표자(A)와 공유자(B,C)가 모두 분양자격이 인정되는지 또는 대표자 1인이 분양대상자가 되는 것인지

회신내용

「빈집 및 소규모주택 정비에 관한 특례법」 제24조제1항제3호에서는 조합설립인가 후 1명의 토지등소유자로부터 토지 또는 건축물의 소유권을 양수하여 여러 명이 소유하게 된 때에는 그 여러명을 대표하는 1명을 조합원으로 본다고 규정하고 있으므로, 이 사안의 경우에는 주택을 양수한 B와 C는 단독으로 분양대상자격이 있다고 볼 수 없고 분양대상자는 1인이 되는 것으로 판단됩니다. 끝.

전략주택공급과-4243호(2024.10.02.)

상가 등 부대복리시설 공급 기준

질의요지

「서울특별시 빈집 및 소규모주택 정비에 관한 조례」 제38조제2항에서 상가 등 부대·복리시설 공급 제1순위 요건인 '사업자등록을 필한 건축물의 소유자'에 세입자가 사업자등록을 마치고 영업을 하는 건축물의 소유자도 해당하는지

회신내용

상가 등 부대·복리시설 공급 제1순위에 해당하기 위해서는 소유자가 종전 건축물에서 사업자등록을 마쳐야 하는 것으로 판단되오니 구체적인 사항은 사업시행계획인가권자(관리처분계획 포함)인 관할 자치구에 문의하시기 바랍니다. 끝.

전략주택공급과-5576호(2024.10.31.)

근생빌라 소유자의 공동주택 분양자격

질의요지

가로주택정비사업조합의 근생빌라(주택이 아니지만 사실상 주거용으로 사용한 경우) 소유자의 분양자격

회신내용

「서울특별시 빈집 및 소규모주택 정비에 관한 조례」에서는 사실상 주거용으로 사용되고 있는 건축물의 분양자격을 별도로 명시하고 있지 않으며, 다만 제37조에서 가로주택정비사업의 분양대상자에 관하여 정하고 있습니다. 제37제1항제1호, 제2호에서는 관리처분계획일기준일 현재 분양신청자가 소유하고 있는 종전토지의 총면적이 90㎡ 이상 또는 권리가액이 분양용 최소규모 공동주택 1가구의 추산액 이상인 경우에는 공동주택 분양대상자가 될 수 있다고 규정하고 있으므로, 가로주택정비사업조합의 근생빌라 소유자는 이 조건을 만족하는 경우 분양대상이 될 수 있을 것으로 판단됩니다.

다만, 가로주택정비사업으로 분양하는 공동주택의 분양에 관하여서는 사업시행계획(관리처분계획)과 조합 정관에 따라 최종적으로 결정될 수 있으므로 보다 구체적인 사항은 조합 및 사업시행계획 인가권자인 관할 자치구에 문의하시기 바랍니다. 끝.

전략주택공급과-6311호(2024.11.18.)

종전의 오피스텔 소유자에게 오피스텔 분양

➲ 질의요지

가로주택정비사업 추진 시 오피스텔 소유자는 분양대상자로 명시되어 있지 않아 현금청산을 해야 하는데, 오피스텔 소유자에게 오피스텔을 분양하도록 조합 정관으로 정해도 법에 저촉이 없는 것인지

➲ 회신내용

소규모주택정비법 제16조제2항에서는 가로주택정비사업은 주택 등을 건설하여 공급하는 등의 방법으로 시행하며, 같은법 시행령 제31조제1항제3호에서는 토지등소유자에게 분양할 것이라고 하고 있으므로, 제31조제1항에서 정하고 있는 가로주택정비사업 관리처분의 방법을 기초로 종전의 오피스텔 소유자에게 오피스텔을 분양하도록 정관으로 정할 수 있을 것으로 판단됩니다. 다만, 아파트와 오피스텔 복합 건립 가능여부에 대해서는 용도지역 등 도시계획 현황 등을 기초로 별도 검토가 필요할 것으로 사료됩니다.

한편 가로주택정비사업의 공동주택 분양대상에 관하여 「빈집 및 소규모주택 정비에 관한 조례」 제37조제1항제2호, 제3호에서는 분양신청자가 소유하고 있는 종전토지의 총면적이 90㎡ 이상 또는 권리가액이 분양용 최소규모 공동주택 1가구의 추산액 이상인 경우에는 공동주택의 분양대상자가 될 수 있다고 하고 있으므로, 오피스텔 소유자는 이중 어느 하나에 해당하는 경우 주택 분양대상이 될 수 있을 것입니다. 조합정관에 관한 보다 자세한 사항은 조합인가권자인 자치구청장에게 문의하여 주시기 바랍니다. 끝.

전략주택공급과-3758호(2025.03.25.)

근린생활시설을 주택으로 용도변경 후 주택소유자 인정

➲ 질의요지

근린생활시설을 주택으로 용도변경 후 모아타운이 추진될 경우, 조례 37조1항1호의 주택소유자 인정 여부

➲ 회신내용

「서울시 빈집 및 소규모주택 정비에 관한 조례」 제37조(가로주택정비사업의 분양대상)에 따르면, 가로주택정비사업으로 분양하는 공동주택의 분양대상자는 관리처분계획기준일(권리산정기준일) 현재 다음 각 호의 어느 하나에 해당하는 토지 등 소유자로 규정되어 있는 바,

문의하신 37조 1항 1호의 종전 건축물 중 주택소유자로의 인정은 관리처분계획기준일(권리산정기준일) 이전 용도변경이 완료된 경우 해당될 것으로 사료됩니다. 아울러 보다 더 구체적인 사항은 사업시행 및 관리처분계획 인가권자인 자치구청장에게 문의하여 주시기 바랍니다. 끝.

전략주택공급과-5023호(2025.04.17.)

모아타운 내 분양권 산정기준 및 절차

질의요지

모아타운 구역 내 분양권 산정기준 및 절차

회신내용

모아타운 내 소규모주택정비사업은 일반적으로 가로주택정비사업으로 추진되며, 가로주택정비사업의 주택 공급은 「빈집 및 소규모주택 정비에 관한 특례법」 제33조7호 라목에 의거 3주택 이하로 한정하되, 다가구주택을 소유한 자에 대하여는 제1항 제5호에 따른 가격(종전자산가격)을 분양 주택 중 최소 분양단위 규모의 추산액으로 나눈 값(소수점 이하 생략) 만큼 공급 가능합니다.

구체적인 주택 공급에 대한 사항은 조합정관 및 사업시행계획(관리처분계획)에 의거하여 결정되며, 이는 같은 법 제23조(조합설립인가) 및 시행령 제20조의3(창립총회 결의사항 등)에 따른 정관의 확정과 같은법 제29조(사업시행계획인가) 3항에 따른 사업시행계획 동의 또는 의결 절차를 통해 결정됨을 안내드립니다.

아울러 보다 더 구체적인 사항은 해당 건축물과 관련된 자료를 구비하여 조합설립 및 사업시행(관리처분)계획 인가권자인 자치구청장에게 문의하여 주시기 바랍니다. 끝.

전략주택공급과-7432호(2025.06.17.)

주거용으로 사용 중인 오피스텔의 주택 인정

질의요지

건축물대장상 업무시설이나 실질적으로 주택 재산세 납부 및 주택 임대차계약서를 작성하여 임차인이 거주하고 있는 오피스텔의 주택 인정 여부

회신내용

「서울특별시 빈집 및 소규모주택 정비에 관한 조례」 제37조(가로주택정비사업 및 소규모재개발사업의 분양대상)1항1호에 따르면 분양대상자를 주택 소유자로 규정하고 있고, 오피스텔은 「건축법 시행령」 [별표 1]에 의거 업무시설로 규정하는 바, 주택소유자에 해당하지 않음을 안내드립니다. 끝.

전략주택공급과-7432호(2025.06.17.)

권리가액 이하 상가 소유자를 정관을 통해 주택 분양대상자 지정

➜ 질의요지

권리가액이 최소규모 공동주택 1가구의 추산액 이하인 상가·업무시설 소유자를 조합정관으로 분양대상자 지정 가능여부

➜ 회신내용

「서울특별시 빈집 및 소규모주택 정비에 관한 조례」 제37조제1항의 가로주택정비사업의 분양대상자는 「빈집 및 소규모주택 정비에 관한 특례법 시행령」 제31조제1항제3호의 위임에 따라 제정된 것으로, 조합정관으로 시행령·조례에서 정한 범위 외의 분양대상자를 지정 할 수 없음을 안내드립니다. 끝.

전략주택공급과-7432호(2025.06.17.)

정관으로 특정 조합원의 분양 평형 및 동·호수 지정

➜ 질의요지

조합 정관에 특정 토지등소유자들에 한해 분양 주택의 면적, 동호수 지정 가능여부

➜ 회신내용

「서울특별시 빈집 및 소규모주택 정비에 관한 조례」 제38조(주택공급 기준 등) 제1항에 따르면 권리가액에 따라 분양 받을 주택의 규모나 분양 순위를 정할 수 있고, 주택의 동·층 및 호의 결정은 주택규모 별 공개추첨 하도록 규정하고 있음을 안내드립니다. 끝.

6-3 관리처분계획

전략주택공급과-766호(2022.09.07.)

사업지 내 국공유지 처리 기준

질의요지

사업지 내 국공유지 처리 기준

회신내용

사업시행구역 내 국공유지는 「빈집 및 소규모주택 정비에 관한 특례법」 제43조(정비기반시설의 설치 및 토지 등의 귀속 등) 제3항 규정에 따르면 아래와 같이 정하고 있음을 알려드립니다. 끝.

" 구청장 또는 토지주택공사등이 아닌 사업시행자가 소규모주택정비사업의 시행으로 새로 설치한 정비기반시설은 그 시설을 관리할 국가 또는 지방자치단체에 무상으로 귀속되고,

소규모주택정비사업의 시행으로 용도가 폐지되는 국가 또는 지방자치단체 소유의 정비기반시설은 사업시행자가 새로 설치한 정비기반시설의 설치 비용에 상당하는 범위에서 그에게 무상으로 양도된다.

이 경우 사업시행자는 용도가 폐지되는 종래의 정비기반시설의 가액과 새로이 설치한 정비기반시설의 설치 비용 사이에 차이가 있는 때에는 그 차액에 상당하는 금액에 대하여 국가 또는 지방자치단체와 정산하여야 한다. "

전략주택공급과-13749호(2023.11.15.)

가로주택정비사업 국유 · 공유재산 매각 가격

질의요지

「빈집 및 소규모주택 정비에 관한 특례법」 제56조제2항제2호에 따라 가로주택정비사업에서의 국유·공유재산의 처분에 관하여는 「도시 및 주거환경정비법」 제98조를 준용함.

한편, 「도시 및 주거환경정비법」 제98조제6항에서 국·공유지는 사업시행계획인가의 고시가 있은 날을 기준으로 평가하며, 주거환경개선사업의 경우 매각가격은 평가금액의 100분의 80으로 한다고 규정하고 있는 바, 가로주택정비사업이 「도시 및 주거환경정비법」 주거환경개선사업에 해당하여 국·공유지의 매각가격을 평가금액의 100분의 80을 적용할 수 있는지 여부

회신내용

가로주택정비사업 추진 시 국유·공유재산의 처분과 관련하여 관계법령인 「빈집 및 소규모주택 정비에 관한 특례법」 및 「도시 및 주거환경정비법」에서 가로주택정비사업을 주거환경개선사업으로 본다고 따로 규정하고 있지 않은 사항으로, 매각하는 국공유지는 사업시행계획인가의 고시가 있은 날을 기준으로 평가하여야 할 것으로 판단됩니다. 끝.

전략주택공급과-5698호(2024.11.05.)

자율주택정비사업의 일반분양

질의요지

자율주택정비사업에서 일반분양이 가능한지?

회신내용

「빈집 및 소규모주택 정비에 관한 특례법」 제34조제4항 규정은 관리처분계획 수립대상사업(가로주택, 소규모재건축, 소규모재개발)에서 토지등소유자에게 분양 후 잔여분이 있는 경우 주택법을 준용하여 조합원 또는 토지등소유자외의 자에게 분양할 수 있도록 되어 있습니다.

다만, 자율주택정비사업은 관리처분계획 수립대상사업이 아니므로 건립 세대수에 따라 임의분양 또는 「주택법」 및 「건축물의 분양에 관한 법률」에 적용될 경우 해당 법률에 따라 분양이 가능 할 것으로 사료되므로 보다 구체적인 사항은 인·허가 및 분양승인권장인 관할 자치구에 문의하시기 바랍니다. 끝.

전략주택공급과-7067호(2024.12.05.)

보류지 처분 기준

➲ 질의요지

「서울특별시 빈집 및 소규모주택 정비에 관한 조례」에 보류지 처분 기준이 없는데, 보류지를 관리처분 또는 총회 의결 후 처분 가능한지

➲ 회신내용

「빈집 및 소규모주택 정비에 관한 특례법」 및 조례에서는 「서울특별시 도시 및 주거환경정비 조례」의 재개발, 재건축정비사업과 달리 보류지를 의무적으로 확보하여야 한다는 규정이 없으며,

「빈집 및 소규모주택 정비에 관한 특례법」 제33조(관리처분계획의 내용 및 수립기준)제1항제4호에서 보류지 등의 처분방법을 포함하여 관리처분계획을 수립하도록 하고 있으므로, 보류지는 관리처분계획에서 정한 대로 처분 가능할 것입니다. 끝.

공동주택과-10834호(2025.07.11.)

소규모재건축의 정관을 통한 상가소유자 주택 분양 등

➲ 질의요지

(질의1) 조합정관에 '상가 소유자에게 아파트 분양권을 부여한다'는 조항이 명시되어 있을 때 이를 근거로 상가 소유자를 분양대상자로 포함하여 관리처분계획을 수립하는 것이 가능한지?

(질의2) 분양대상자를 현금청산대상자로 변경하는 경우 총회의결사항인지 여부

➲ 회신내용

(질의1) 「빈집 및 소규모주택 정비에 관한 특례법 시행령」 제31조제2항제2호에 따라 기존 부대시설 또는 복리시설 소유자에게 새로 건설되는 부대시설 또는 복리시설을 공급하며, 제2항제2호 각목의 어느 하나에 해당하는 경우 하나의 주택을 공급할 수 있습니다. 다만, 조합이 조합원 전원 동의를 받아 그 기준을 따로 정하는 경우 그에 따른다라고 규정하고 있습니다.

(질의2) 「빈집 및 소규모주택 정비에 관한 특례법」 제23조제5항에 따라 인가받은 사항을 변경하는 경우 조합 총회에서 조합원 3분의2이상 찬성으로 의결한 후 시장·군 수 등의 인가를 받아야 함을 알려드리오니, 구체적인 사항은 조합 정관 등을 종합적으로 검토하여 귀구에서 적의 처리 하시기 바랍니다. 끝.

6-4 권리가액 산정기준

전략주택공급과-5648호(2024.04.26.)

다물권자 주택공급 및 종전의 토지 및 건축물의 가격

➲ 질의요지

가로주택정비사업에서 한 명의 조합원이 여러 채의 다가구주택을 소유하고 있는 경우 소유하고 있는 모든 다가구주택에 대한 종전자산평가액의 합산금액을 분양주택 중 최소분양단위 규모의 추산액으로 나눈 값만큼 공급을 할 수 있는 것인지?

아니면 각각의 다가주택에 대한 종전자산평가 금액을 각각 분양주택 중 최소분양단위 규모의 추산액으로 나눈 값만큼 공급 한 후 공급 주택의 수를 합산하여 공급하는지?

다가구주택의 경우에도 3주택 이하로만 공급받을 수 있는지?

➲ 회신내용

소규모주택정비법 제33조제3항제7호라목에서는 가로주택정비사업의 경우 다가구주택을 소유한 자에 대하여는 '종전의 토지 및 건축물의 가격'을 분양주택 중 최소분양단위 규모의 추산액으로 나눈 값만큼 주택을 공급할 수 있다고 규정하고 있는 바 3주택 이하로 한정되지 않으나, 분양설계 등 구체적인 주택공급에 관한 계획은 조합정관과 해당 사업의 사업시행계획(관리처분계획)에 의해 결정됩니다.

이때, '종전의 토지 및 건축물의 가격'은 법 제33조제1항제5호에 따른 '분양대상자별' 종전의 토지 또는 건축물의 명세 및 가격이므로 한 명의 분양대상자가 소유하고 있는 모든 다가구주택의 가격을 합산한 가격을 의미할 것으로 판단됩니다. 끝.

전략주택공급과-1616호(2024.08.02.)

종전자산 평가 기준 및 관련 규정

질의요지

종전자산 평가 기준 및 관련 규정

회신내용

모아타운의 종전자산 평가는 조합이 설립된 이후, 「빈집 및 소규모주택 정비에 관한 특례법」 제33조에 따른 관리처분계획 수립 시, 같은 법 제56조 및 「도시 및 주거환경정비법」 제74조 규정에 의거하여 「감정평가 및 감정평가사에 관한 법률」에 따른 '감정평가법인'에서 재산 또는 권리에 대한 평가를 하도록 되어 있음을 알려드립니다. 끝.

공동주택과-10847호(2025.07.11.)

건축심의 재심의 후 종전자산 재평가 여부

질의요지

건축심의를 다시 하게 되면 종전자산평가를 다시 해야 하는지?

회신내용

「빈집 및 소규모주택 정비에 관한 특례법」 제33조제1항제5호에 따라 관리처분계획에 제26조에 따른 심의결과를 받은 날을 기준으로 한 가격을 제출토록 하였으며 별도로 명시된 규정이 없음을 알려드립니다. 끝.

6-5 권리산정기준일

전략주택공급과-5136호(2022.12.15.)

소규모재개발 권리산정기준일

➲ 질의요지

소규모재개발 권리산정기준일

➲ 회신내용

소규모재개발사업에서의 권리산정기준일은「빈집 및 소규모주택 정비에 관한 특례법」제18조제2항, 제19조제2항, 제22조제10항 또는 제23조제9항에 따른 고시가 있은 날 또는 시장 · 군수등이 투기를 억제하기 위하여 사업시행자의 지정, 주민합의체의 구성 또는 조합설립인가 고시 전에 따로 정하는 날의 다음 날을 기준으로 정하고 있음을 안내드립니다. 끝.

전략주택공급과-5169호(2023.04.26.)

재정비촉진지구 내 존치관리구역의 권리산정기준일

➲ 질의요지

재정비촉진지구 내 존치관리구역에 위치한 지역이 모아타운으로 지정될 경우, 도시재정비법과 소규모주택정비법 중 어느 것에 따른 권리산정기준일이 적용되는지?

➲ 회신내용

재정비촉진지구의 권리산정기준일은 도시재정비법 제33조(토지 등 분할거래) 제1항 따라 재정비촉진사업별로 해당 사업에 관하여 정하고 있는 관계 법률에 따라 주택 등 건축물을 공급하는 경우, 재정비촉진지구 지정 및 변경 고시일 또는 시·도지사나 대도시 시장이 투기 억제 등을 위하여 따로 정하는 날로 규정하고 있습니다.

따라서 재정비촉진지구 내 존치관리구역의 권리산정기준일은 관련 고시문을 참고하여 주시기 바라며 보다 자세한 사항은 관할 자치구 및 서울시 담당부서(재정비촉진사업과)에 문의하여 주시기 바랍니다.

한편, 모아타운 대상지가 해당 재정비촉진지구에서 제척되었을 경우에는 별도 고시한 모아타운 권리산정기준일이 적용됩니다. 끝.

전략주택공급과-10633호(2023.09.05.)

조합이 설립된 구역에서 모아타운 추진 시 권리산정기준일

질의요지

소규모주택정비법 제2조제1항6호에서 소규모주택정비사업의 권리산정기준일을 조합설립인가일로 정하고 있는데, 기존에 조합이 설립된 사업지에서 모아타운을 추진할 경우 권리산정기준일은?

회신내용

우리시는 모아타운 대상지 선정 시 지분쪼개기 등 투기수요 방지를 위하여 대상지 선정 직후 모아타운 대상지 전체지역에 대한 권리산정기준일을 지정고시하고 있습니다.

한편, 소규모주택정비법 제2조제1항6호에서 소규모주택정비사업의 조합설립인가일을 권리산정기준일로 규정하고 있습니다. 이에 따라, 모아타운 대상지 선정 이전에 조합설립인가된 사업시행구역에서의 권리산정기준일은 앞선 기준일자인 조합설립인가일을 기준으로 적용하여야 할 것임을 알려드립니다. 끝.

전략주택공급과-14680호(2023.12.05.)

모아타운 내 기존 구역과 편입된 구역의 권리산정기준일

질의요지

모아타운 대상지 선정 이전에 대상지 내 조합설립인가된 사업구역의 권리산정기준일 기준 및 모아타운 대상지 선정 이후 사업시행구역을 확장하여 조합설립변경인가를 하는 경우 신규 편입되는 지역의 권리산정기준일 기준

회신내용

우리시는 모아타운 대상지 선정 시 지분쪼개기 등 투기수요 방지를 위하여 대상지 선정 직후 권리산정기준일을 지정 고시하고 있습니다. 또한, 「서울시 빈집 및 소규모주택 정비에 관한 조례」 제2조제1항6호에서 소규모주택정비사업의 조합설립인가일을 권리산정기준일로 규정하고 있습니다. 따라서, 모아타운 대상지 선정 이전에 조합설립인가된 사업시행구역에 대한 권리산정기준일은 기준일자가 보다 앞선 조합설립인가일을 기준으로 적용하여야 할 것임을 알려드립니다.

한편, 기존 조합이 모아타운 대상지선정 이후 사업구역을 추가편입하는 경우 신규 편입하는 구역의 권리산정기준일은 모아타운 대상지 권리산정기준일을 적용하여야 할 것임을 알려드립니다. 끝.

6-6 매도청구

전략주택공급과-7050호(2023.06.14.)

조합설립 미동의자에게 서면으로 촉구하지 않은 경우

질의요지

가로주택정비사업 추진 시 매도청구를 위해서는 건축심의 결과를 받은 날부터 30일 이내에 미동의자에게 서면으로 촉구하도록 되어있으나, 진행하지 못하였을 경우 하자치유 방법

회신내용

「빈집 및 소규모주택 정비에 관한 특례법」 제35조에 따르면 가로주택정비사업 시 매도청구를 위해서는 사업시행자는 건축심의 결과를 받은 날부터 30일 이내에 조합설립에 동의하지 아니한 자 등에게 조합설립 또는 사업시행자의 지정에 동의할 것인지 여부를 서면으로 촉구하도록 규정하고 있으며, 토지등소유자는 촉구를 받은 날부터 60일 이내에 회답하여야 합니다.

그리고 사업시행자는 토지등소유자의 회답기간이 만료된 때부터 60일 이내에 조합설립 또는 사업시행자 지정 등에 동의하지 아니하겠다는 뜻을 회답한 토지등소유자에게 건축물 또는 토지의 소유권과 그 밖의 권리를 매도할 것을 청구할 수 있도록 규정하고 있습니다.

한편, 「도시 및 주거환경정비법」에 따른 재건축사업에서의 매도청구 대법원 판례(대법원 2012. 12. 26. 선고 2012다90047 판결)에 따르면 "매도청구권은 그 행사기간 내에 이를 행사하지 아니하면 그 효력을 상실한다(대법원 2008. 2. 29. 선고 2006다56572 판결 등 참조). 그러나 제척기간이 도과하였다고 하여 매도청구권이 종국적으로 소멸한다고 볼 것은 아니고, 재건축 참가자 등은 다시 조합설립변경동의 및 조합설립변경인가 등의 절차를 밟아 새로이 매도청구권을 행사할 수 있다고 봄이 상당하다(대법원 2009. 1. 15. 선고 2008다40991 판결, 대법원 2010. 7. 15. 선고 2009다63380 판결 등 참조)"고 판시하고 있으니 이러한 점을 참고하시기 바라며, 보다 자세한 사항은 법률 전문가의 자문을 구해보시기 바랍니다. 끝.

전략주택공급과-4350호(2025.04.03.)

조합설립에 동의하지 않은 자의 매도청구 절차

질의요지

조합설립인가 후 조합설립에 동의하지 않은 자의 조합원 여부 및 회답 방법

조합설립에 동의하지 않은 토지등소유자의 매도청구 시점

회신내용

「빈집 및 소규모주택 정비에 관한 특례법」제24조(조합원의 자격 등) 제1항에 따라 토지등소유자(소규모재건축사업의 경우에는 소규모재건축사업에 동의한 자만 해당함)를 조합원으로 본다고 규정하는 바, 조합설립동의서 제출 여부와 관계없이 토지등소유자는 조합원에 해당합니다.

같은 법 제35조(매도청구) 제1항에 따르면, 가로주택정비사업 또는 소규모재건축사업의 사업시행자는 심의 결과를 받은 날부터 30일 이내에 조합설립 또는 사업시행자의 지정에 동의하지 않은 자에게 조합설립 또는 사업시행자의 지정에 동의할 것인지 여부를 서면으로 촉구하여야 하며, 또한 같은 조 제3항에서 토지등소유자는 촉구를 받은 날부터 60일 이내에 회답하도록 규정하고 있습니다.

문의하신 토지등소유자의 동의 의사 회답 방법에 대한 별도 규정을 두고 있지 않으며, 추가 검인동의서가 필요할 경우 조합설립인가권자인 관할구청에 문의하시기 바랍니다.

아울러, 같은 조 제5항에따라 제3항에 따른 기간이 만료된 때부터 60일 이내에, 주민합의체 구성, 조합설립 또는 사업시행자 지정에 동의하지 아니하겠다는 뜻을 회답한 토지등소유자와 건축물 또는 토지만 소유한 자에게 건축물 또는 토지의 소유권과 그 밖의 권리를 매도할 것을 청구할 수 있음을 안내드립니다. 끝.

6-7 SH 및 LH공사 분양권 관련 규정

전략주택공급과-7972호(2025.06.30.)

SH 등의 주택공급 수

➲ 질의요지

SH공사가 복수의 세대를 조합원 자격으로 인수할 수 있는지?

➲ 회신내용

「빈집 및 소규모주택 정비에 관한 특례법」 제33조제3항제7호나목에 따르면 국가, 지방자치단체 및 토지주택공사등 토지등소유자에게는 소유한 주택 수만큼 주택을 공급할 수 있습니다. 끝.

제7장

임대주택 건설·
건축규제 완화 특례

7-1 임대주택 건설

공동주택지원과-24585호(2022.06.15.)

소규모재건축사업 임대주택 건설에 따른 용적률

➲ 질의요지

소규모재건축사업 추진 시 임대주택 건설에 따른 용적률체계

➲ 회신내용

「빈집 및 소규모주택 정비에 관한 특례법」 제49조제7항에 따라 일반소규모재건축을 할 경우 통합심의를 거쳐 법적상한용적률에서 조례로 정한 용적률을 뺀 용적률의 100분의 50에 해당하는 면적의 국민주택규모 주택을 건설할 경우 법적상한용적률까지 건축할 수 있습니다.

또한, 같은법 제49조제9항에 따라 공공소규모재건축사업을 진행할 경우 법적상한용적률에도 불구하고 통합심의를 거쳐 법적상한용적률의 100분의 120까지 건축할 수 있으며, 법적상한용적률을 초과하는 용적률에서 법적상한용적률을 뺀 용적률의 100분의 50에 해당하는 면적에 국민주택규모 주택을 건설하여 공급하여야 합니다. 끝.

전략주택공급과-7717호(2023.06.28.)

자율주택정비사업으로 전체 세대 전용면적 30㎡ 미만의 공공임대주택으로 건설 시 용적률 완화

➲ 질의요지

자율주택정비사업으로 전체 세대를 전용면적 30㎡ 미만의 공공임대주택으로 건설할 경우, 「서울특별시 빈집 및 소규모주택 정비에 관한 조례」 제50조제1항에 따른 용적률 완화 규정을 적용 받을 수 있는지?

➲ 회신내용

「서울특별시 빈집 및 소규모주택 정비에 관한 조례」 제50조제2항은 제1항에 따라 용적률을 완화 받고자 건설하는 임대주택 비율이 세대수를 기준으로 하는 경우에는 임대주택의 평균 전용면적이 40㎡이상이 되도록 하여야 한다고 정하고 있습니다.

한편, 조례 제50조제1항은 소규모주택정비법 제49조제1항에 따라 용적률을 완화 받으려는 경우 부담해야하는 임대주택 비율에 대하여 정하면서, 임대주택 비율을 건축물의 전체 연면적 대비 임대주택 연면적의 비율 또는 전체 세대수 대비 임대주택 세대수의 비율로 정의하고 있습니다. 이에 따라, 용적률을 완화 받으려는 경우의 임대주택 비율은 연면적 또는 세대수를 기준으로 할 수 있습니다.

따라서, 자율주택정비사업으로 전체 세대를 공공임대주택 전용면적 30㎡ 미만으로 건설하고 임대주택 비율을 연면적을 기준으로 하는 경우에는 소규모주택정비법 제27조제1항, 같은법 제49조제1항 및 「서울특별시 빈집 및 소규모주택 정비에 관한 조례」 제50조제1항에 따라 통합심의를 거쳐 용적률 완화 규정을 적용 받을 수 있을 것으로 판단됩니다.

다만, 공공임대주택을 건설하는 경우 세대면적, 세대수 등 임대주택에 관한 구체적인 사업 계획에 대하여는 인수자와 별도로 협의하여 주시기 바랍니다. 끝.

전략주택공급과-8927호(2023.07.25.)

용적률 완화를 위한 공공임대주택의 인수가격 기준

질의요지

용적률을 완화받고자 하는 경우 공공임대주택 인수자에게 제공되는 토지 및 건축물의 인수가격 기준

회신내용

공공임대주택의 인수가격에 관한 사항은 소규모주택정비법 시행령 제41조제4항에 따라 같은법 시행령 제33조에서 정하고 있는 인수가격을 준용한다고 되어있습니다.

다만 소규모주택정비법 제49조제4항에 따르면 공공주택의 인수가격은 사업여건 등을 고려하여 사업시행자와 인수자 간 협의로써 조정할 수 있다고 되어있어 인수자와 별도 협의가 필요한 사항으로 판단됩니다. 끝.

전략주택공급과-8927호(2023.07.25.)

용적률 완화를 위한 임대주택의 전용면적 기준

질의요지

공공임대주택 건설을 통해 전체 연면적 대비 임대 주택 연면적의 비율로 용적률을 완화 받고자 하는 경우 임대주택 전용 면적의 기준이 있는지 여부

회신내용

「서울특별시 빈집 및 소규모주택 정비에 관한 조례」 제50조제2항에 따라 제1항에 따라 용적률을 완화받고자 건설하는 임대주택 비율이 세대수를 기준으로 하는 경우에는 임대주택의 평균 전용면적이 40㎡ 이상이 되도록 하여야 한다고 정하고 있습니다.

연면적 비율로 용적률을 완화할 경우 임대주택 면적 기준은 명시되어 있지 않으나, 소규모주택정비법 제49조제3항에 따라 사업시행자는 건축설계가 확정되기 전에 미리 공공임대주택의 세대면적 등에 관한 사항을 인수자와 협의한 후 이를 사업시행계획서에 반영하도록 되어 있어 구체적인 사업계획에 대하여는 인수자와 별도로 협의하여 주시기 바랍니다. 끝.

전략주택공급과-9718호(2023.08.11.)

자율주택정비사업 용적률 완화 근거 법령

➲ 질의요지

자율주택정비사업의 용적률 완화와 관련한 조례 및 기준 등 관련 근거

➲ 회신내용

자율주택정비사업은「빈집 및 소규모주택 정비에 관한 특례법」제48조 및 제49조, 같은법 시행령 제40조제4항에 따라 용적률 완화를 받을 수 있으며 이에 대한 구체적인 기준은 시·도조례로 정하도록 하고 있습니다.

해당 규정에 의하면 정비기반시설, 공동이용시설, 주택법 제2조 제14호에 따른 복리시설을 건설하는 경우와 임대주택을 건설하는 경우 용적률을 완화 받을 수 있으며, 이와 관련한 자세한 사항은 해당 법 조문과 위임 조례 (「서울시 빈집 및 소규모주택 정비에 관한 조례」 제49조 및 제50조)를 참고하여 주시기 바랍니다. 끝.

전략주택공급과-9849호(2023.08.14.)

준주거지역에서의 가로주택정비사업 용적률

➲ 질의요지

준주거지역에서 가로주택정비사업을 추진하려는 하는 경우 임대주택이나, 토지 기부채납을 통해 용적률 500%까지 계획하는 것이 가능한지 여부

➲ 회신내용

준주거지역에서 가로주택정비사업을 추진할 경우「빈집 및 소규모주택 정비에 관한 특례법」제49조 및 「서울시 빈집 및 소규모주택 정비에 관한 조례」제50조에 따라 임대주택 또는 정비기반시설 계획 시「국토의 계획 및 이용에 관한 법률」에 따른 법적상한용적률까지 계획가능한 사항이나,

사업추진 시 사업시행계획인가권자인 관할 자치구 및 통합심의 운영기관인 서울시 담당부서(전략주택공급과)와 사전협의하시기 바랍니다. 끝.

전략주택공급과-15158호(2023.12.14.)

매입형 공공임대주택 산정 비율

➲ 질의요지

조례 제50조에 의한 매입형 공공 임대 주택은 면적 비율 말고도 전체 세대 수 비율로도 가능한지

➲ 회신내용

소규모주택정비법 제49조 및 「서울특별시 소규모주택 정비에 관한 조례(이하 "조례")」 임대주택 산정비율은 「서울시 빈집 및 소규모주택 정비에 관한 조례」 제50조에 따라 건축물의 전체 연면적 대비 임대주택 연면적의 비율 또는 전체 세대수 대비 임대주택 세대수의 비율로 산정이 가능합니다.

다만, 조례 제50조제2항에 따라 임대주택 비율을 세대수로 하는 경우에는 임대주택의 전용면적이 평균 40㎡ 이상이 되어야 합니다. 끝.

전략주택공급과-15158호(2023.12.14.)

매입형 공공임대주택 공급가격

➲ 질의요지

매입형 공공 임대주택 공급가격

➲ 회신내용

소규모주택정비법 제49조에 따른 임대주택의 공급가격은 같은법 시행령 제41조 및 제33조에 따라 법 26조에 따른 심의결과를 통지 받은 날을 기준으로 조합 또는 토지등소유자가 추천한 1인을 포함한 감정평가법인등 2인 이상이 평가한 금액의 산술평균치를 기준으로 향후 임대주택을 인수할 인수자와 협의하여 결정하게 됩니다. 끝.

전략주택공급과-4757호(2024.04.04.)

매입형 공공임대주택 건설 비율의 산정

➔ 질의요지

소규모주택정비법 제49조에 따른 공공임대주택 비율 산정 시, 같은법 제43조의5에 따른 임대주택을 포함하는지 여부

➔ 회신내용

소규모주택정비법 제49조에 따른 임대주택 비율 산정 시, 제43조의5에 따른 임대주택은 포함되지 않음을 알려드립니다. 끝.

7-2 건축규제 완화

전략주택공급과-3875호(2023.03.31.)

제2종(7층)일반주거지역의 층수제한

질의요지

모아타운 내의 제2종(7층)일반주거지역에서만 층수제한 폐지가 된건지 아니면 모아타운 외의 지역에서도 폐지된 것인지 여부

회신내용

우리시에서는 창의적이고 입체적인 건축물의 계획을 가능하게 하고 주거지 경관 및 도시 미관의 개선을 도모하고자, 「서울특별시 빈집 및 소규모주택 정비에 관한 조례」 제34조를 일부개정 시행(2023.3.27.)하여 모아타운(소규모주택 정비관리지역) 내·외 구분없이 제2종일반주거지역과 제2종일반주거지역(7층이하)에서 시행하는 가로주택정비사업의 건축물 층수제한을 폐지하고 시 도시재생위원회의 심의를 통해 건축물 층수를 정할 수 있도록 하였습니다.

다만, 제2종일반주거지역(7층이하)에서는 「서울특별시 도시계획조례」 제28조제1항에 따라 심의를 거쳐 완화할 수 있는 층수는 평균층수 13층 이하가 적용됩니다. 끝.

전략주택공급과-4805호(2023.04.19.)

인접대지 경계선에서의 대지안의 공지 완화

질의요지

서울시 가로주택정비사업 심의기준에는 건축규제 완화사항 중 대지안의 공지의 완화범위를 1/2범위로 정하고 있으나 인접대지경계선에서는 완화기준을 제외하고 있음.

이와 관련하여, 가로주택정비사업에서 임대주택건설 계획이 없어 용적률 완화 및 층수 완화를 적용받지 않아 자치구에서 건축심의를 하는 경우 서울시 심의기준을 적용하여 인접대지경계선에서의 대지안의 공지 완화기준이 제외되는 사항인지

회신내용

우리시는 가로주택정비사업의 무분별한 건축규제 완화를 방지하기 위하여「서울시 모아주택·모아타운 활성화를 위한 심의기준 등 개선('22.5.30.)」을 통하여 건축규제 완화범위를 규정하고 있습니다.

이에 따라 대지안의 공지는 관계법령인「빈집 및 소규모주택정비에 관한 특례법」시행령 제40조에 따라 1/2범위에서 완화하고 있으나, 인접대지경계선에서의 대지안의 공지에 대해서는 주거지 미관, 개방감, 거주환경 등을 위하여 완화 적용하지 않고 있으며, 이는 자치구 심의대상일 경우에도 우리시 심의기준을 준용토록 하고 있는 사항임을 알려드립니다. 끝.

전략주택공급과-15387호(2023.12.20.)

도로 확보를 위한 기부채납 시 용적률 인센티브 적용 여부

질의요지

가로주택정비사업 시행 시 도로폭 확보를 위해 대지를 기부채납하는 경우 기부채납하는 대지면적을 용적률 인센티브 항목으로 적용 가능한지?

회신내용

사업 시행구역 내 대지의 일부에 정비기반시설(도로 등)을 설치하는 경우에는 「빈집 및 소규모주택 정비에 관한 특례법」 제48조제2항제1호, 「서울특별시 소규모주택 정비 조례」제49조제2항제1호에 의거 용도지역별 용적률에 조례로 정하는 용적률을 더하여 적용받을 수 있다고 규정하고 있습니다.

한편, 용적률 완화에 관한 결정은 기존 가로구역의 도로 여건, 사업시행계획(안) 등을 고려하여 관련 부서 협의 후 법 제26조, 제27조에 따른 심의를 통해 최종적으로 결정됨을 알려드립니다. 끝.

전략주택공급과-6012호(2024.05.08.)

임대주택을 건설하는 경우 용적률의 상한

➲ 질의요지

조례 제50조제1항에 따라 임대주택을 건설하는 경우 '용적률의 상한'은 「서울특별시 도시계획 조례」 제55조에 따른 용적률인지, 아니면 「국토의 계획 및 이용에 관한 법률 시행령」 제85조의 용적률인지?

➲ 회신내용

제50조제1항에서 규정하는 임대주택 건설에 따른 용적률의 상한은 「국토의 계획 및 이용에 관한 법률」 제78조에 의한 용적률(법적상한용적률)을 의미합니다. 끝.

전략주택공급과-6012호(2024.05.08.)

법적상한용적률 초과 적용

➲ 질의요지

조례 제50조제1항제2호에 따라 정비기반시설, 임대주택을 계획하여 계산식에 의해 법적상한용적률을 초과할 수 있는지? 조례 제49조와 제50조를 모두 적용하여 용적률 완화 받을 수 있는지?

➲ 회신내용

조례 제50조에 따라 임대주택 건설을 통해 기준용적률(제2종일반주거지역의 경우 200%)에서 최대 법적상한용적률(250%) 범위 내에서 완화 가능하며,

추가로 제49조에 따른 정비기반시설 설치 시 관리지역 내(단, 소규모재개발사업 제외) 사업시행구역에 한하여 법적상한용적률을 초과하여 적용 가능(250%+α)합니다. 끝.

전략주택공급과-1636호(2024.08.02.)

조경기준 완화 범위

➲ 질의요지

건축규제 완화기준 중 조경기준 완화 범위

➲ 회신내용

「빈집 및 소규모주택 정비에 관한 특례법」 제48조(건축규제의 완화 등에 관한 특례) 및 동법 시행령 제40조 규정에 따라 가로주택정비사업 추진 시 대지의 조경기준은 지방건축위원회 심의를 거쳐 2분의 1범위에서 완화 받을 수 있음을 알려드립니다. 끝.

전략주택공급과-4930호(2024.10.17.)

자연경관지구 내 자율주택정비사업 건폐율 또는 높이 완화

➲ 질의요지

가로주택정비사업 또는 소규모재건축사업을 시행하려는 지역에 적용되는 자연경관지구의 건폐율 또는 높이 완화 가능 사항을 자율주택정비사업에 적용할 수 있는지 여부

➲ 회신내용

「서울특별시 도시계획조례」 일부개정 시행(2024.10.14.)에 따라, 조례 제34조제2항에 따라 자연경관지구 안에서 건축하는 건축물의 건폐율은 40%를 초과하지 아니하고, 높이는 4층 이하, 16m 이하로 하여야 합니다.

또한, 조례 제34조제3항제1호나목, 제34조제4항제1호라목 및 제34조제4항제2호나목에서는 가로주택정비사업 또는 소규모재건축사업을 시행하려는 지역에 적용되는 자연경관지구의 건폐율 또는 높이 완화 가능사항을 규정하고 있습니다. 위 규정은 가로주택정비사업 또는 소규모재건축사업 시 건축규제를 완화하여 주거환경 개선을 촉진할 수 있고 주변지역의 경관유지에 지장이 없는 지역 등으로서 위원회 심의 등을 거쳐 완화 가능하도록 되어 있으며, 조례 제34조제4항제2호나목에서의 건축물의 높이를 24m 이하로 완화 가능 사항은 가로주택정비사업 또는 소규모재건축사업을 시행하려는 지역으로서 소규모주택정비법 제48조 또는 제49조에 따라 용적률이 완화되는 경우에 해당됩니다.

따라서 자율주택정비사업은 위 규정에 따른 자연경관지구의 건폐율 또는 높이 완화를 적용할 수 없을 것으로 판단됩니다. 끝.

전략주택공급과-8018호(2025.06.30.)

높이제한 기준 완화

질의요지

모아주택·모아타운 활성화를 위한 심의기준 중 「건축법」 제61조제2항제1호에 따른 높이제한 기준 완화 관련 사항

회신내용

「건축법」 제61조제2항제1호 및 같은법 시행령 제86조제3항제1호에 따라 건축물의 각 부분의 높이는 그 부분으로부터 채광을 위한 창문 등이 있는 벽면에서 직각 방향으로 인접대지 경계선까지의 수평거리의 2배 이하로 하도록 규정하고 있습니다.

아울러, 「빈집 및 소규모주택 정비에 관한 특례법」 제48조 및 같은법 시행령 제40조에 따라 「건축법」 제61조제2항제1호에 따른 높이제한 기준을 2분의 1 범위내 완화가 가능함을 알려드립니다. 끝.

7-3 관리지역에서의 임대주택의 공급 및 인수

전략주택공급과-765호(2022.09.07.)

용도지역 변경된 경우 임대주택 건설 규모 및 공급가격

➔ 질의요지

용도지역 변경된 경우 임대주택

➔ 회신내용

「빈집 및 소규모주택 정비에 관한 특례법」 제43조의5(관리지역에서의 임대주택의 공급 및 인수)에 따르면 모아타운 내에서 사업시행자는 소규모주택정비사업의 시행으로 용도지역이 변경된 경우 변경된 용도지역에서의 용적률에서 종전의 용도지역의 용적률을 뺀 용적률의 100분의 50 이하에 해당하는 면적에 임대주택을 건설하여 서울특별시, 구청장 또는 토지주택공사등에 공급하여야 하고,

상기사항에 따른 임대주택의 공급가격은 「공공주택 특별법」에 따른 국토교통부장관이 고시하는 공공건설임대주택의 표준건축비로 하며, 부속토지는 서울특별시장, 구청장 또는 토지주택공사등에게 기부채납한 것으로 보고 있음 알려드립니다. 끝.

전략주택공급과-15158호(2023.12.14.)

임대주택 면적 기준

➔ 질의요지

기부채납형 임대주택의 평형 제한 여부

➔ 회신내용

소규모주택정비법 제43조의5에 따른 임대주택은 별도 면적 제한이 없습니다. 다만, 제43조의5제1항에 따라 사업시행자는 건축설계가 확정되기 전 임대주택의 인수자(시·지사, 시장·군수등, 토지주택공사등)와 협의한 후 이를 사업시행계획서에 반영하여야 합니다. 끝.

전략주택공급과-7315호(2024.12.11.)

기부채납 임대주택의 부속토지가격

➲ 질의요지

용도지역이 변경된 관리지역 내 기부채납 임대주택의 부속토지가격

➲ 회신내용

「빈집 및 소규모주택 정비에 관한 특례법」 제43조의5(관리지역에서의 임대주택 공급 및 인수)에 따라 사업시행자는 관리지역에서 소규모주택정비사업의 시행으로 제43조의4 제2항에 따라 용도지역이 변경된 경우 변경된 용도지역에서의 용적률에서 종전의 용도지역에서의 조례로 정한 용적률을 뺀 용적률의 100분의 50 이하로서 조례로 정하는 비율에 해당하는 면적에 임대주택을 건설하여 시·구 등 또는 토지주택공사등에 공급하여야 하며,

임대주택의 공급가격은 「공공주택 특별법」 제50조의4에 따라 국토교통부장관이 고시하는 공공건설임대주택의 표준건축비로 하며, 부속토지는 시·구 등 또는 토지주택공사등에게 기부채납한것으로 보고 있습니다. 끝.

7-4 지구단위계획구역 내

전략주택공급과-9851호(2023.08.14.)

지구단위계획이 수립된 준주거지역에서의 가로주택정비사업 용적률

질의요지

준주거지역에서 지구단위계획이 기 수립되어 있고 소규모주택정비법에 따른 가로주택정비사업을 추진하려는 하는 경우 임대주택이나, 토지 기부채납없이 용적률 400%까지 계획하는 것에 대하여 가능한지 여부

회신내용

준주거지역에서 가로주택정비사업을 추진할 경우 「빈집 및 소규모주택 정비에 관한 특례법」 제49조 및 「서울시 빈집 및 소규모주택 정비에 관한 조례」 제50조에 따라 임대주택 또는 정비기반시설 계획 시 「국토의 계획 및 이용에 관한 법률」에 따른 용적률인 500%까지 계획가능한 사항이며, 임대주택, 정비기반시설 미적용시에는 우리시 도시계획조례 용적률인 400%까지 적용이 가능합니다.

다만, 기 지구단위계획이 수립된 경우에는 가로주택정비사업 가능여부 등에 대해 담당부서(도시관리과)와 사전협의가 필요할 것으로 사료됨을 알려드립니다. 끝.

전략주택공급과-14590호(2023.12.04.)

지구단위계획구역 내 자율주택정비사업 시행 시 용적률

➲ 질의요지

지구단위계획구역 내 자율주택정비사업 시행 시 「빈집 및 소규모주택 정비에 관한 특례법」 제49조(임대주택 건설에 따른 특례)에 의거하여 법적상한용적률까지 건축할 수 있는지?

➲ 회신내용

「국토계획법」 제78조제7항에서는 다른 법률에 따른 용적률의 완화에 관한 규정은 지구단위계획구역에서는 제52조제3항에 따라 지구단위계획으로 정하는 범위에서 중첩하여 적용할 수 있다고 규정하고 있으며, 같은 법 제54조에서는 지구단위계획구역에서 건축물을 건축하려면 그 지구단위계획에 맞게 하여야 한다고 정하고 있습니다.

따라서 지구단위계획구역에서 소규모주택정비법에 따른 용적률의 완화에 관한 규정을 적용하되, 지구단위계획으로 정하는 바에 따라 완화된 범위 내에서 계획할 수 있을 것으로 판단됩니다.

한편 소규모주택정비사업 시행 시 지구단위계획의 변경이 수반되어야 하는 경우에는 소규모주택정비법 제55조제1항에 따라 지구단위계획의 결정 등의 의제 등이 가능하나, 제55조제4항 및 제5항에 따라 지구단위계획 소관부서와의 협의 후 심의를 통해 최종적으로 결정할 수 있는 사항으로 사전에 명확히 답변드리기 어려운 점 양해하여 주시기 바랍니다. 끝.

공동주택지원과-78호(2024.01.02.)

지구단위계획구역 내 소규모재건축의 소규모주택정비법에 따른 용적률 완화 적용

➲ 질의요지

지구단위계획구역 내 소규모재건축사업 추진 시 해당 지구단위계획에서 정한 기준용적률을 적용하지 않고 관련법령에 따른 용적률 완화를 통해 기준용적률을 완화하여 적용할 수 있는지

➲ 회신내용

지구단위계획구역 내에서 소규모재건축사업 등 개발사업 시행에 따른 용적률 체계는 별도의 단서 규정이 없는 한 해당 지구단위계획내용을 준수해야 하며,

「국토의 계획 및 이용에 관한 법률」 제78조제7항의 규정에 따라 개별법령에 따른 용적률 완화의 범위도 지구단위계획으로 정하는 범위로 한정하고 있습니다.

또한, 「빈집 및 소규모주택 정비에 관한 특례법」에 따른 용적률 완화를 받고자 하는 경우에는 같은 법 제55조에 따라 도시관리계획의 결정이 의제 처리되고 있는 바, 문의하신 용적률 완화적용을 위한 지구단위계획의 변경은 같은 법 제27조(통합심의) 등을 거쳐 도시관리계획 변경 절차를 이행하여야 될 것으로 사료됩니다. 끝.

7-5 기타

공동주택지원과-11554호(2023.07.04.)

소규모재건축의 기타 법령에 따른 용적률 인센티브 적용

➲ 질의요지

3종 일반주거지역에서 소규모재건축사업 추진 시 용적률 250%로 하여, 추가 인센티브를 녹색건축물 인증, 에너지효율등급 및 제로에너지 건축물 인증 등으로 최대 20%이내에서 용적률을 추가 산정이 가능한지 여부

➲ 회신내용

소규모재건축사업을 추진할 경우 「빈집 및 소규모주택 정비에 관한 특례법」 제48조에 따라 정비기반시설이나 공동이용시설을 설치하는 경우 용적률을 완화 받을 수 있으며, 같은 법 제49조에 따라 임대주택을 건설하는 경우 용적률의 상한까지 건축할 수 있습니다.

소규모재건축사업은 「도시 및 주거환경정비법」을 준용하며, 「빈집 및 소규모주택 정비에 관한 특례법」 제26조에 따른 건축심의 또는 같은 법 제27조에 따른 통합심의를 거쳐 높이, 층수, 용적률을 정하는 바, 「빈집 및 소규모주택 정비에 관한 특례법」에 따른 법적상한 용적률까지 용적률 완화 사항을 적용한 후 「국토의 계획 및 이용에 관한 법률」 제78조제7항에 따라 용적률 최대한도를 초과하는 사항에 대하여 건축위원회와 도시계획위원회의 공동심의를 거쳐 기반시설의 설치 및 그에 필요한 용지의 확보가 충분하다고 인정하는 경우에 한하여 적용할 수 있을 것임을 알려드립니다. 끝.

전략주택공급과-8033호(2023.07.05.)

통합 지하주차장 설치 관련

질의요지

모아주택 사업지간 기존 도로가 있는 경우 건축협정을 통해 지하주차장을 통합하여 설치할 수 있는지, 관리계획 수립시 모아주택간 통합 지하주차장을 계획하여 고시한 이후, 한 구역에서 사업추진이 불가능하여 사업가능한 구역만 지하주차장 통합 개설이 가능한지

회신내용

모아주택사업 추진시 건축협정을 통하여 모아주택 사업지간 통합지하주차장 설치가 가능한 사항이나, 기존 도로가 존재하는 경우 도로 폐도 가능여부를 검토하여 폐도가 가능할 경우 통합지하주차장을 설치할 수 있으며, 기존 도로의 기능이 지속적으로 필요한 경우에는 도로 입체결정을 통해 도로기능을 유지하도록 하고 있으며, 통합지하주차장 설치를 계획하여 관리계획 승인고시되었으나, 이후 일부 모아주택 사업지의 사업중단 또는 모아주택 신규사업지 추가 등으로 통합지하주차장 설치계획의 변경이 필요한 경우에는 관리계획 변경을 통하여 통합지하주차장 설치계획 변경이 가능함을 알려드립니다. 끝.

전략주택공급과-1889호(2024.02.07.)

건축협정에 따른 특례

질의요지

건축협정을 맺으면 어떤 혜택이 있는지?

회신내용

건축협정을 맺으면 「건축법」 제77조의13제3항 규정에 의거 대지의 조경, 지하층의 설치, 건폐율, 부설주차장의 설치 등을 통합하여 적용할 수 있으며, 같은법 제6항, 같은법 시행령 제110조의7 규정에 의거 대지안의 조경(20/100 범위내), 건폐율(20/100 범위내, 법적 건폐율 최대한도를 초과할 수 없음), 용적률(20/100 범위내, 법적상한용적률 최대한도를 초과할 수 없음), 대지안의 공지, 건축물의 높이제한(건축협정구역 안에서 대지 상호간의 건축하는 공동주택에 한정하여 건축법 시행령 제86조제3항제1호 기준의 20/100 범위내), 주택건설기준 등을 통합심의위원회 심의를 통해 주변환경에 영향을 미치지 않는 범위내 등을 고려하여 완화받을 수 있으나, 구체적인 사항은 인허가 권자인 자치구와 협의가 필요할 것으로 사료됩니다. 끝.

전략주택공급과-4934호(2024.04.09.)

기타 법령에 따른 용적률 인센티브 적용

질의요지

가로주택정비사업 추진 시 「서울특별시 건축물 심의기준」제21조(우수디자인 공동주택 등에 대한 지원), [별표 4](공동주택 허용용적률 인센티브 적용기준), 「건축법」제8조(리모델링에 대비한 특례 등), 녹색건축물 조성지원법 따른 용적률 인센티브 적용이 가능한지

회신내용

「서울특별시 건축물 심의기준」 제21조에 따른 [별표 4](공동주택 허용용적률 인센티브 적용기준)는 귀하가 제출하신 개정(안)으로 변경('23.3.22.)되었음을 알려드리며, 소규모주택정비사업은 별도의 허용용적률을 적용하고 있지 않습니다.

「서울특별시 건축물 심의기준」 제21조에 따른 [별표 4](공동주택 허용용적률 인센티브 적용기준)는 귀하가 제출하신 개정(안)으로 변경('23.3.22.)되었음을 알려드리며, 소규모주택정비사업은 별도의 허용용적률을 적용하고 있지 않습니다.

다만, 법률에서 규정된 「건축법」 제8조(리모델링에 대비한 특례 등) 및 「녹색건축물 조성지원법」 제15조(건축물에 대한 효율적인 에너지 관리와 녹색건축물 조성의 활성화) 용적률 완화여부 및 적용범위는 심의를 통하여 결정될 수 있음을 알려드립니다. 끝.

전략주택공급과-1801호(2025.02.13.)

매입형 임대주택 인수가격 및 정기기반시설 기부채납 기준 등

질의요지

(질의1) 매입형 임대주택의 매입 가격은 어떻게 책정되는지?

(질의2) 정비기반시설 기부채납은 무상으로 기부채납하여야 하는지?

(질의3) 매입형 임대아파트와 기부채납하는 정비기반시설 상호간 정해진 비율이 있는지?

회신내용

(질의1) 「빈집 및 소규모주택 정비에 관한 특례법 시행령」 제41조제5항 및 제33조에 따라 매입형 공공임대주택의 인수가격은 건축비와 부속토지의 가격을 합한 금액을 기초로 산정하며, 건축비와 부속토지의 가격은 감정평가법인등 2인 이상이 평가한 금액의 산술평균치로 한다고 규정하고 있습니다.

다만, 같은법 제49조 제4항에 따라 사업여건 등을 고려하여 사업시행자와 인수자 간 협의로써 조정할 수 있음을 알려드립니다.

(질의2) 정비기반시설을 기부채납하는 경우 같은법 제48조제2항 및 「서울특별시 빈집 및 소규모주택 정비에 관한 조례」 제49조제2항제1호에 따라 용도지역별 용적률에 조례로 정하는 용적률을 더하여 적용받을 수 있다고 규정하고 있습니다.

다만, 같은법 제43조제3항에 따르면 소규모주택정비사업의 시행으로 용도가 폐지되는 정비기반시설은 사업시행자가 새로 설치한 정비기반시설의 설치 비용에 상당하는 범위에서 그에게 무상으로 양도되고, 그 차액에 상당하는 금액은 지방자치단체와 정산하도록 규정되어 있어, 해당 지역 내 용도폐지 되는 정비기반시설 면적 및 순부담 비율 등에 따라 결정되는 사항임을 알려드립니다.

(질의3) 상한용적률 적용을 위한 임대주택 세대수와 정비기반시설 사이 별도로 정한 비율은 없으며, 해당 사업지 여건 및 세입자 수, 기반시설 현황 등에 따라 모아타운 관리계획 수립을 통해 결정될 사항임을 알려드립니다. 끝.

공동주택과-5414호(2025.04.04.)

소규모주택정비법 제정 전 조합설립 후, 법 시행 이후 사업계획인가를 받은 경우 용적률 특례 적용

➲ 질의요지

소규모주택정비법 제정 이전에 조합설립인가를 받고 2019년에 사업시행계획인가 받았는데 소규모주택정비법에 의해 용적률 특례 적용을 받을 수 있는지

➲ 회신내용

이에 대해 소규모주택정비법 부칙 <법률 제14569호, 2017.2.8.> 제3조에는 이 법 시행 당시 종전의 「도시 및 주거환경정비법」(이하 "종전 법률"이라 한다)의 주택재건축사업(정비구역이 아닌 구역에서 시행하는 주택재건축사업을 말한다. 이하 같다) 관련 규정에 따라 행하여진 처분·절차 및 행위는 이 법의 관련 규정에 따라 행하여진 처분·절차 및 행위로 본다고 규정하고 있고,

또한 제4조에는 종전 법률에 따라 시행 중인 주택재건축사업은 이 법에 따른 소규모재건축사업으로 본다고 규정하고 있기 때문에 동 법령 시행 이후에는 동 법령에 따라 사업을 시행하여야 함을 알려드립니다.

아울러, 소규모주택정비법 제48조 및 제49조의2에 따른 건축규제 및 용적률 등에 관한 특례 대상 여부는 구체적인 현황 및 계획 내용을 갖추어 당해 사업 인허가권자인 관할 자치구에 문의하시기 바랍니다. 끝.

공동주택과-8225호(2025.05.26.)

소규모재건축 용적률 완화 및 분양가상한제 적용

질의요지

소규모재건축 용적률 완화 및 분양가상한제 적용 등

회신내용

소규모재건축 조례용적률 완화 대상은 '28. 5. 18일까지 사업시행계획인가를 신청하는 경우로 가로주택정비사업에서 소규모재건축으로 사업 변경하는 경우에도 대상이 될 수 있습니다.

분양가상한제 적용 대상은 「주택법 시행령」 제27조에 따라 공동주택 30세대 이상의 주택건설사업을 시행하는 경우에만 해당되며, 30세대 이상 분양가 상한제 적용대상의 경우 분양가격은 주변시세가 아닌 택지비 및 건축비로 구성되며 자세한 사항은 「공동주택 분양가격의 산정 등에 관한 규칙」을 참고하시기 바랍니다.

소규재건축사업을 할 경우 용적률 완화되는 50% 부분에 대하여 전용 85㎡ 이하로 계획 수립하는 경우 완화가 적용되며, 「재건축초과이익 환수에 관한 법률」 제2조1호에 따라 재건축초과이익 환수 대상입니다.

법적상한용적률 이상 건축계획을 할 경우에는 소규모주택정비법에 따른 운영기준 4-2에 따라 정비기반시설 및 공동이용시설을 설치하는 경우에만 모아타운 관리계획 수립을 통해 가능함을 알려드립니다. 끝.

제8장

기타

전략주택공급과-4758호(2024.04.04.)

개발부담금 부과 대상

➡ 질의요지

모아주택(소규모주택정비사업) 추진 시 개발부담금 부과대상 여부

➡ 회신내용

개발이익환수법 제5조 및 같은법 시행령 제4조, 시행규칙 [별표 2]에 따라 모아주택(소규모주택정비사업)은 개발부담금 대상임을 알려드립니다. 끝.

전략주택공급과-6555호(2024.05.21.)

교육환경평가 대상

➡ 질의요지

모아타운의 개별 가로주택정비사업조합이 「교육환경 보호에 관한 법률」 제8조제1항에 따른 교육환경보호구역에서 각각 21층 미만이고, 연면적이 10만㎡ 미만인 개별 가로주택정비사업을 건축협정을 체결하여 시행하는 경우, 공동주택 연면적의 합계가 10만㎡ 이상이라면 「교육환경 보호에 관한 법률」 제6조제1항제5호에 해당하는 것으로 보아 같은 항 각 호 외의 부분에 따른 교육환경평가서의 승인을 받아야 하는지?

➡ 회신내용

이 사안의 경우 교육환경평가서 승인 대상에 해당하지 않을 것으로 사료되나, 구체적인 사업시행계획(안)에 대하여 승인 또는 인가권자의 검토가 필요할 것으로 판단됩니다.

법제처에서는 '원칙적으로 '하나의 사업'을 기준으로 교육환경평가 대상 여부를 판단하고, 평가 기준을 마련하여 사업시행자에게 작성하도록 하고 있는 것'으로 보이며, '개별 개발사업별로는 교육환경평가서의 제출 대상 규모에 해당하지 않는 경우까지 명문의 근거 없이 해당 사업자가 교육환경보호구역에서 시행하는 전체 개발사업을 기준으로 건축 규모를 산정해야 한다고 보는 것은 수범자의 예측가능성을 넘어서는 법 해석이라 할 것'이라고 하였습니다(안건번호 23-0707, 2023. 11. 9.).

이에 따라 교육환경평가서 승인 대상 여부는 개별 소규모주택정비사업을 기준으로 해당 사업시행계획에 따라 건축되는 건축물의 연면적만을 합산하여 판단해야 할 것으로 판단되며, 구체적 사안에 대하여는 법령 소관부처에 문의하여 주시기 바랍니다. 끝.

전략주택공급과-7419호(2024.06.11.)

재건축초과이익 대상 여부

질의요지

모아주택 사업이 「재건축초과이익 환수에 관한 법률」(이하 "재건축이익환수법")에 따른 초과이익 환수 대상여부

회신내용

모아주택은 「빈집 및 소규모주택 정비에 관한 특례법」(이하 "소규모주택정비법")에 따른 소규모주택정비사업으로 ①자율주택정비사업, ②가로주택정비사업, ③소규모재건축, ④소규모재개발 사업으로 분류됩니다.

이중 "소규모재건축"만 「재건축이익환수법」적용 대상이며, 나머지 사업은 적용대상이 아님을 알려드립니다. 끝.

전략주택공급과-7831호(2024.06.20.)

가로주택정비사업의 주택건설사업 및 개발행위 허가 대상 여부

질의요지

소규모주택정비법에 따른 가로주택정비사업을 주택법에 따른 주택건설사업으로 볼 수 있는지, 또한 개발행위 허가 대상인지?

회신내용

「빈집 및 소규모주택 정비에 관한 특례법」 제55조제1항제1호, 제10호에서는 가로주택정비사업의 사업시행계획인가를 받은 때에는 주택법 제15조에 따른 주택건설사업의 사업계획의 승인이 있는 것으로 보며,

또한 「국토의 계획 및 이용에 관한 법률」제56조에 따른 개발행위의 허가가 있은 것으로 본다고 규정하고 있습니다.

의제되는 인허가등에 해당하는 사항이 있는 경우, 해당 사업계획의 승인 및 개발행위의 허가 등의 의제를 받으려고 할 때에는 제4항 및 제5항에 따라 사업시행계획인가를 신청하는 때에 해당 법률에서 정하는 관계 서류를 함께 제출하여야 하며, 미리 해당하는 사항에 대하여 관계 행정기관의 장과 협의하여야 합니다. 끝.

전략주택공급과-82호(2024.07.02.)

사업시행구역 내 건축물 용도변경

➲ 질의요지

모아주택 사업시행구역 내 건축물 용도변경 가능여부

➲ 회신내용

모아주택은 「빈집 및 소규모주택 정비에 관한 특례법(이하 "소규모주택정비법")」 제2조제1항제3호에 따른 '소규모주택정비사업'으로 같은법 제23조의3 및 같은법 시행령 제21조의5제1항에 따라 소규모주택정비사업의 조합설립인가 고시가 있는 날의 다음날부터는 건축물의 용도변경시 자치구청장의 허가를 받아야 합니다.

아울러, 건축물의 용도변경 허가에 대한 적정여부는 자치구청장이 종합적으로 검토하여 결정하여야 할 사항으로 해당 자치구로 문의하여 주시기 바랍니다. 끝.

전략주택공급과-6017호(2024.11.12.)

공공관리 모아타운 사업 완화 사항 등

➲ 질의요지

공공기관 참여 모아타운 사업의 완화 및 특례 등에 대한 문의

➲ 회신내용

모아타운 내 공공기관 참여 시 혜택은 모아타운인 소규모주택정비 관리지역내에서 공공이 참여하는 가로주택정비사업을 추진할 경우 사업면적이 4만㎡이내 까지 확대가 가능하고, 용도지역상향에 따른 기부채납 공공 임대주택 비율도 완화(50/100→30/100)가 가능하게 됩니다.

또한, 조합설립 지원 및 HUG의 기금활용을 통한 안정적인 사업비 조달, 조합설립을 위한 추정분담금 검토, 주민대표자 선임, 총회개최 등 지원이 가능하며, 사업추진시 등 그 동안 축적된 경험을 바탕으로 전문적인 기술지원이 가능함을 알려드립니다. 끝.

전략주택공급과-2990호(2025.03.10.)

가로주택정비사업의 지구단위계획 수립대상 여부

질의요지

가로주택사업이 「서울특별시 도시계획 조례」 제17조제2항 및 동 조례 시행규칙 제7조에 따른 지구단위계획 수립대상인지 여부

회신내용

가로주택정비사업은 「빈집 및 소규모주택 정비에 관한 특례법」 제30조에 따라, 토지이용계획 및 건축물의 높이 및 용적률에 관한 건축계획 등을 포함하여 사업시행계획서를 작성하고, 같은법 제29조에 의거 사업시행계획인가를 득하는 사항으로, 「서울특별시 도시계획 조례」 제17조제2항 '다른 법률에 의해 해당 지역에 토지이용 및 건축에 관한 계획이 수립되어 있는 경우'로 볼 수 있는 것으로 판단됨을 알려드립니다. 끝.

공동주택과-5305호(2025.04.02.)

소규모재건축의 진입도로 확보

질의요지

소규모재건축사업 「주택건설기준 등에 관한 규정」에 따른 진입도로 확보에 대해 문의한 사항

회신내용

「빈집 및 소규모주택 정비에 관한 특례법」 제16조제3항에 따르면 소규모재건축사업은 진입도로 등 정비기반시설의 설치에 필요한 토지 또는 건축물을 주택단지 면적의 100분의 20 미만의 범위 내에서 해당 토지 또는 건축물을 포함하여 사업을 시행할 수 있으며, 제공받은 정비기반시설은 국·공유재산으로 관리됨을 알려드립니다. 끝.

전략주택공급과-6771호(2025.05.30.)

소규모주택정비사업의 접속도로 규정

➲ 질의요지

모아타운 등 소규모주택정비사업 추진 시 접속도로 관련 규정이 있는지

➲ 회신내용

「도시 및 주거환경정비법」 및 「빈집 및 소규모주택 정비에 관한 특례법」에 따른 사업은 사업요건에 진입도로와 관련하여 규정하고 있지 않습니다.

다만, 「주택건설기준 등에 관한 규정」 제25조(진입도로)에 주택단지의 총 세대수에 따라 기간도로와 접하는 폭 또는 진입도로의 폭이 규정된 바, 대상지 선정위원회 등에서 정비사업을 통해 조성되는 주택단지의 규모와 진입도로의 폭 등을 종합적으로 검토하여 선정 여부를 결정함을 알려드립니다. 끝.

제9장

법제처 법령해석 및 국토교통부 관원회신 사례 등

9-1 법제처 법령해석

법제처-18-0368호(2018.10.02.)

➲ 질의요지

「빈집 및 소규모주택 정비에 관한 특례법」 제23조제2항에 따라 소규모재건축사업을 하려는 토지등소유자[1]가 조합을 설립하기 위해 필요한 동의를 서면동의서에 받으려는 경우 같은 법 제56조 및 「도시 및 주거환경정비법」 제36조제3항에 따라 특별자치시장·특별자치도지사·시장·군수 또는 자치구의 구청장(이하 "시장·군수등"이라 함)이 검인(檢印)한 서면동의서를 사용해야 하는지?

➲ 회신내용

이 사안의 경우 시장·군수등이 검인한 서면동의서를 사용해야 합니다.

「빈집 및 소규모주택 정비에 관한 특례법」(이하 "소규모주택정비법"이라 함) 제25조제1항 및 같은 법 시행령 제20조에서는 조합의 설립에 관해 토지등소유자의 동의를 받는 방법에 관해 규정하면서도 같은 법 제56조에서는 토지등소유자의 동의방법 등에 관하여는 「도시 및 주거환경정비법」(이하 "도시정비법"이라 함) 제36조를 준용한다고 규정하고 있는바, 준용이란 특정 조문을 그와 성질이 유사한 규율 대상에 대해 그 성질에 따라 다소 수정해 적용하는 것을 의미하므로 소규모주택정비법에서 토지등소유자의 동의방법에 관해 정하고 있지 않은 사항에 대해서는 도시정비법 제36조에서 정하고 있는 내용이 적용됩니다.

그런데 도시정비법 제36조제3항에서는 재건축사업의 추진을 위해 조합을 설립하는 경우에는 시장·군수등의 검인을 받은 동의서를 사용해야 하고 검인을 받지 않은 서면동의서는 그 효력이 발생하지 않는다고 규정하고 있으며, 그 위임을 받은 같은 법 시행령 제34조제2항에서는 동의서 검인 신청을 받은 시장·군수등은 해당 동의서에 연번을 부여한 후 검인을 해야 한다고 규정하면서 같은 법 시행규칙 별지 제6호서식에서는 조합 설립 동의서 양식에 "행정기관이 부여한 일련번호 범위" 및 "일련번호" 기재란을 두고 있습니다.

그리고 소규모주택정비법 제25조제1항 및 같은 법 시행령 제20조에서는 조합의 설립에 관하여 토지등소유자의 동의를 받는 방법에 관하여 규정하면서 앞서 살펴본 도시정비법령과 달리 시장 · 군수등이 동의서에 연번을 부여한 후 검인을 하도록 명시적으로 규정하고 있지는 않으나, 같은 법 시행령 제20조제2항의 위임에 따른 같은 법 시행규칙 별지 제12호서식에서는 조합 설립 동의서 양식에 「도시 및 주거환경정

1) 「빈집 및 소규모주택 정비에 관한 특례법」 제2조제6호나목에 따른 소규모재건축사업의 사업시행구역에 위치한 건축물 및 그 부속토지의 소유자를 말하며, 이하 같음.

비법 시행규칙」 별지 제6호서식과 같이 "행정기관이 부여한 일련번호 범위" 및 "일련번호" 기재란을두고 있는바, 이러한 소규모주택정비법 및 같은 법 시행령의 규정 내용을 종합해 볼 때 소규모주택정비법령은 도시정비법 제36조제3항을 준용하는 것을 전제로 해당 서식에 "행정기관이 부여한 일련번호 범위" 및 "일련번호" 기재란을 둔 것으로 보아야 할 것입니다.

또한 도시정비법 제36조제3항에 따른 시장 · 군수등의 검인을 받은 동의서의 사용 의무는 정비사업을 추진하는 과정에서 백지동의서의 사용, 동의서의 위조 · 변조 등과 관련한 분쟁을 예방하려는 목적에서 신설된 것인바,[1] 소규모주택정비법에 따른 소규모재건축사업도 도시정비법에 따른 정비사업과 그 성질이 같은 것으로[2] 소규모재건축사업을 추진하는 경우에도 이러한 백지동의서의 사용 등과 관련한 분쟁이 발생할 수 있다는 점을 고려하면 소규모주택정비법에서 정하고 있지 않은 사항은 도시정비법 제36조에서 정한 사항이 준용된다고 보는 것이 소규모주택정비법 제56조의 입법 취지에도 부합합니다. 끝.

법제처-18-0705호(2019.02.08.)

질의요지

「빈집 및 소규모주택 정비에 관한 특례법 시행령」(이하 "소규모주택정비법 시행령"이라 함) 제3조제2호다목2)에서 규정하고 있는 "「주택법」 제2조제3호의 공동주택"에 「주택법」 제15조제1항에 따른 사업계획 승인을 받아 건축된 공동주택[3]이 제외되는지?

회신내용

이 사안의 경우 「주택법」 제15조제1항에 따른 사업계획 승인을 받아 건축된 공동주택이 제외되지 않습니다.

법의 해석에 있어서는 법령에 사용된 문언의 의미에 충실하게 해석하는 것을 원칙으로 하고 법령의 문언 자체가 비교적 명확한 개념으로 구성되어 있다면 다른 해석방법은 제한될 수밖에 없다고 할 것입니다.[4]

그런데 소규모주택정비법 시행령 제3조제2호다목2에서는 가로주택정비사업의 요건 중 하나로 기존주택이 모두 「주택법」 제2조제3호의 공동주택인 경우 20세대 이상일 것을 규정하고 있을 뿐, 공동주택의 대상을 사업계획 승인 여부에 따라 제한하는 규정이 없고, 「주택법」 제2조제3호 및 그 위임에 따른 같은 법 시행령 제3조제1항에서도 공동주택의 종류와 범위를 「건축법 시행령」 별표 1 제2호에 따른 아파트,

1) 2015. 10. 19. 의안번호 제1917261호로 발의된 도시 및 주거환경정비법 일부개정법률안 국회 국토교통위원회 심사보고서 참조

2) 소규모주택정비법은 빈집의 체계적 정비를 위한 제도적 근거를 마련하기 위해 도시정비법에서 규정하고 있던 가로주택정비사업 등을 이관하여 제정한 것임. 법률 제14569호 소규모주택정비법 제정이유서 참고

3) 「주택법」 제15조제1항의 위임에 따른 「주택법 시행령」 제27조제1항제2호에 따르면 30세대(일정한 요건에 해당하는 경우는 50세대) 이상의 공동주택의 경우 사업계획 승인을 받도록 되어 있음.

4) 대법원 2009. 4. 23. 선고 2006다81035 판결례 참조

연립주택 및 다세대주택으로 규정하고 있을 뿐 그 외에 다른 제한 규정을 두고 있지 않습니다.

따라서 이 사안의 공동주택이 「주택법」 제2조제3호의 공동주택에 해당하기만 하면 사업계획 승인 여부와 관계없이 소규모주택정비법 시행령 제3조제2호다목2)에 따른 "「주택법」 제2조제3호의 공동주택"에 포함되는 것이 문언상 명백합니다.

한편 소규모주택정비법령에 따른 소규모재건축사업과 가로주택정비사업이 모두 가능한 공동주택인 경우 해당 공동주택의 소유자가 「재건축초과이익 환수에 관한 법률」에 따른 재건축부담금 납부를 회피하기 위해 가로주택정비사업을 선택하게 될 수 있는 점을 고려할 때, "「주택법」 제2조제3호의 공동주택"의 범위는 가능한 좁게 해석해야 하므로 「주택법」 제15조제1항 및 같은 법 시행령 제27조제1항제2호에 따라 사업계획 승인을 받아 건축된 일정 세대 이상의 공동주택은 제외해야 한다는 의견이 있습니다.

그러나 재건축부담금 납부 회피 가능성이 있다는 이유만으로 법령의 명문 규정 없이 가로주택정비사업의 범위를 제한할 수는 없다는 점에서 그러한 의견은 타당하지 않습니다. 끝.

법제처-19-0606호(2020.01.31.)

➔ 질의요지

「빈집 및 소규모주택 정비에 관한 특례법」(이하 "소규모주택정비법"이라 함) 제23조제2항에 따라 소규모재건축사업[1]의 토지등소유자[2]가 조합을 설립하기 위해 동의를 받으려는 주택단지가 「주택법」 제11조의3에 따라 지역주택조합 설립인가를 받기 위한 조합원 모집 신고가 수리된 대지에 해당하는 경우,

소규모주택정비법 제56조제1항에 의해 토지등소유자의 동의방법에 관하여 준용되는 「도시 및 주거환경정비법」 제36조제3항 및 같은 법 시행령 제34조제2항에 따라 시장 · 군수등[3]은 서면동의서에 연번(連番) 부여 및 검인(檢印)을 할 수 있는지?

➔ 회신내용

이 사안의 경우 시장 · 군수등은 서면동의서에 연번 부여 및 검인을 할 수 있습니다.

소규모주택정비법 제23조제2항 및 같은 법 시행령 제20조제1항에서는 소규모재건축사업의 토지등소유자가 조합을 설립하는 경우에는 "건축되는 건축물의 설계 개요", "정비사업비[4]" 등에 대해 주택단지 공

1) 소규모주택정비법 제2조제1항제3호다목에 따른 소규모재건축사업을 말하며, 이하 같음.
2) 소규모주택정비법 제2조제1항제6호의 토지등소유자를 말하며, 이하 같음.
3) 특별자치시장 · 특별자치도지사 · 시장 · 군수 또는 자치구의 구청장을 말하며, 이하 같음.
4) 공사비 등 소규모주택정비사업에 드는 비용을 말함.

동주택의 각 동[1]별 구분소유자의 과반수 동의[2]와 주택단지 전체 구분소유자의 4분의 3 이상 및 토지면적의 4분의 3 이상의 토지소유자 동의를 받아 시장·군수등의 인가를 받도록 하고 있고, 같은 법 제25조제1항제3호에서는 조합 설립에 대한 동의는 서면동의서에 토지등소유자가 성명을 적고 지장(指章)을 날인하는 방법으로 하도록 규정하고 있으며, 같은 법 제56조제1항에서는 토지등소유자의 동의방법 등에 관하여는 「도시 및 주거환경정비법」(이하 "도시정비법"이라 함) 제36조를 준용하도록 하고 있습니다.

그리고 도시정비법 제36조제3항에서는 조합 설립에 대한 서면동의서를 작성하는 경우 시장 · 군수등이 검인한 서면동의서를 사용하도록 하고 있고, 같은 법 시행령 제34조에서는 검인 신청을 받은 시장 · 군수등은 동의서 기재사항의 기재 여부 등 형식적인 사항을 확인하고 해당 동의서에 연번을 부여한 후 검인을 하며(제2항), 검인 신청을 받은 날로부터 20일 이내에 신청인에게 검인한 동의서를 내주어야 한다(제3항)고 규정하고 있습니다.

이와 같은 규정에 따르면 시장 · 군수등은 검인 신청을 받은 서면동의서에 "건축되는 건축물의 설계 개요", "정비사업비" 등 동의 사항이 기재되어 있는지 여부를 확인하여 형식적인 사항이 누락되었거나 잘못 기재되어 있지 않은 이상 동의서에 연번을 부여하고 검인을 해주어야 하는바, 그 동의에 의해 설립되는 조합이 「주택법」 제11조의3에 따른 지역주택조합의 조합원 모집 신고가 수리된 지역에서 소규모재건축사업을 시행하려 한다는 이유로 연번 부여 및 검인을 거부할 수는 없습니다.

한편 「주택법」 제11조의3제5항에서는 지역주택조합원 모집 신고가 이미 이루어진 사업대지와 중복되는 경우(제1호) 또는 이미 수립되었거나 수립 예정인 토지이용계획이나 관련 법령에 따른 건축기준 및 건축제한 등에 따라 해당 주택건설대지에 조합 주택을 건설할 수 없는 경우(제2호)에는 지역주택조합원 모집 신고를 수리할 수 없도록 규정한 점에 비추어 볼 때, 지역주택조합에 의한 주택의 건설과 소규모재건축사업이 같은 대지에서 동시에 이루어질 수 없으므로 지역주택조합원 모집이 진행되고 있는 지역에서 소규모재건축사업의 조합 설립을 위한 동의 절차가 동시에 진행되어서는 안 된다는 의견이 있습니다.

그러나 지역주택조합원 모집 신고가 수리된 단계는 주택조합설립인가를 받기 위한 준비 단계로 주택건설대지의 80퍼센트 이상에 해당하는 토지의 사용권원을 확보하는 등 주택조합설립인가의 요건[3]을 반드시 갖추어야 하는 것은 아니고,[4] 「주택법」 및 소규모주택정비법에서는 지역주택조합원 모집 신고가 수리된 지역에서 소규모재건축사업 조합을 설립하는 것을 금지하고 있지 않은바, 동일한 지역에서 지역주택조합원의 모집 절차와 소규모재건축사업 조합 설립을 위한 동의 절차가 동시에 진행되는 것이 법령상 금지된다고 보기는 어렵고, 이 경우 토지등소유자는 지역주택조합 또는 소규모재건축사업 조합 중 어떤 조합에 가입할 것인지를 선택할 수 있다고 보아야 한다는 점에서 그러한 의견은 타당하지 않습니다. 끝.

1) 복리시설의 경우에는 주택단지의 복리시설 전체를 하나의 동으로 봄.

2) 공동주택의 각 동별 구분소유자가 5명 이하인 경우는 제외함.

3) 「주택법」 제11조제2항 참조

4) 법제처 2019. 12. 12. 회신 19-0477 해석례 참조

법제처-20-0275호(2020.07.13.)

질의요지

「빈집 및 소규모주택 정비에 관한 특례법 시행령」(이하 "소규모주택정비법 시행령"이라 함) 제3조제1항제2호나목에서는 가로주택정비사업의 요건으로 노후·불량건축물의 수가 해당 사업시행구역 전체 건축물 수의 3분의 2 이상일 것을 규정하고 있는바,

해당 규정에 따른 "노후·불량건축물의 수" 및 "건축물의 수"는 공동주택 또는 단독주택의 구분 없이 「건축법」 제2조제1항제2호에 따른 건축물을 하나의 건축물로 산정해야 하는지, 아니면 공동주택의 경우 세대수가 가장 많은 층의 세대수를 건축물의 수로 산정해야 하는지?

회신내용

이 사안에서 "노후 · 불량건축물의 수" 및 "건축물의 수"는 공동주택 또는 단독주택의 구분 없이 「건축법」 제2조제1항제2호에 따른 건축물을 하나의 건축물로 산정해야 합니다.

「빈집 및 소규모주택 정비에 관한 특례법」(이하 "소규모주택정비법"이라 함) 제2조제1항제3호에서는 노후·불량건축물의 밀집 등 대통령령으로 정하는 요건에 해당하는 지역 또는 가로구역(街路區域)에서 시행하는 가로주택정비사업 등 각 목의 사업을 소규모주택정비사업으로 정의하고 있고, 같은 법 시행령 제3조제1항제2호나목에서는 노후·불량건축물의 수가 해당 사업시행구역 전체 건축물 수의 3분의 2 이상일 것을 가로주택정비사업의 요건의 하나로 규정하고 있으나, "노후·불량건축물" 및 "건축물"의 의미에 대해서는 별도로 규정하고 있지 않습니다.

그런데 소규모주택정비법 제2조제2항에서는 "이 법에서 따로 정의하지 아니한 용어는 「도시 및 주거환경정비법」(이하 "도시정비법"이라 함)에서 정하는 바에 따른다"고 규정하고 있고, 도시정비법 제2조제3호라목에서는 도시미관을 저해하거나 노후화된 건축물로서 대통령령으로 정하는 바에 따라 시·도조례로 정하는 건축물을 "노후·불량건축물"이라고 정의하고 있으며, 같은 법 시행령 제2조제3항에서는 준공된 후 20년 이상 30년 이하의 범위에서 시·도조례로 정하는 기간이 지난 건축물(제1호) 또는 「국토의 계획 및 이용에 관한 법률」 제19조제1항제8호에 따른 도시 · 군기본계획의 경관에 관한 사항에 어긋나는 건축물(제2호)을 "시 · 도조례로 정할 수 있는 건축물"이라고 규정하고 있는바, 도시정비법령에서도 건축물의 의미를 별도로 규정하고 있지 않습니다.

그렇다면 소규모주택정비법령에서 사용된 "건축물"의 의미는 건축물에 관한 일반법으로서[1]의 「건축법」에 따른 정의규정을 따라야 할 것인데, 「건축법」 제2조제1항제2호에서는 토지에 정착(定着)하는 공작물

1) 법제처 2006. 6. 23. 회신 06-0065 해석례 참조

중 지붕과 기둥 또는 벽이 있는 것과 이에 딸린 시설물 등을 건축물로 정의하고 있으므로, 소규모주택정비법 시행령 제3조제1항제2호나목에 따른 가로주택정비사업의 요건 중 "노후·불량건축물의 수" 및 "건축물의 수"는 「건축법」 제2조제1항제2호에 따른 건축물을 하나의 건축물로 산정하는 것이 문언상 명백합니다.

아울러 "세대"란 현실적으로 주거 및 생계를 같이하는 사람의 집단을 세는 단위[1]를 말하는 것으로 건축물과는 별개의 개념이고, 소규모주택정비법 시행령 제3조제1항제2호에서는 가로주택정비사업의 요건으로 노후 · 불량건축물의 비율(나목) 외에 면적요건(가목)과 세대수 요건(나목)을 각각 구분하여 규정하고 있다는 점을 고려하더라도, 건축물의 수를 산정할 때 "세대수"가 그 기준이 된다고 볼 수 없다는 점도 이 사안을 해석할 때 고려해야 합니다. 끝.

법제처-20-0365호(2020.09.08.)

질의요지

소규모재건축사업의 조합설립인가 후 해당 사업 지역이 투기과열지구[2]로 지정된 경우 투기과열지구 지정 후 해당 사업의 건축물 또는 토지(이하 "건축물등"이라 함)를 양수[3]한 자는 「빈집 및 소규모주택 정비에 관한 특례법」(이하 "소규모주택정비법"이라 함) 제24조제2항 각 호 외의 부분 본문에 따라 해당 조합의 조합원이 될 수 없는지?[4]

회신내용

이 사안의 경우 소규모재건축사업의 건축물등을 양수한 자는 소규모주택정비법 제24조제2항 각 호 외의 부분 본문에 따라 해당 소규모재건축사업 조합의 조합원이 될 수 없습니다.

소규모주택정비법 제24조제2항 각 호 외의 부분 본문에서는 투기과열지구로 지정된 지역에서 소규모재건축사업을 시행하는 경우 조합설립인가 후 해당 사업의 건축물등을 양수한 자는 조합원이 될 수 없다고 규정하여, 투기과열지구로 지정된 지역일 것과 조합설립인가 후 건축물등을 양수한 자일 것을 각각 조합원 자격 취득의 제한 요건으로 정하고 있을 뿐 투기과열지구 지정과 조합설립인가의 선후관계에 대해서는 별도로 정하고 있지 않습니다.

그리고 「주택법」에 따르면 투기과열지구는 주택에 대한 투기가 성행하고 있거나 성행할 우려가 있는 지

1) 국립국어원 표준국어대사전 참조
2) 「주택법」 제63조제1항에 따른 투기과열지구를 말하며, 이하 같음.
3) 매매 · 증여 그 밖의 권리의 변동을 수반하는 모든 행위를 포함하되 상속 · 이혼으로 인한 양도 · 양수의 경우는 제외하며, 이하 같음.
4) 소규모주택정비법 제24조제2항 각 호에 해당하지 않는 경우를 전제함.

역을 대상으로 지정되고, 투기과열지구에서는 「도시 및 주거환경정비법」에 따른 재개발·재건축사업 조합원 지위의 양도가 제한(제39조)되며 「주택법」에 따른 주택의 전매행위가 제한(제64조)되는 등 각종 제한을 받게 되는바, 소규모주택정비법에서 투기과열지구로 지정된 지역에서 소규모재건축사업의 조합원 자격 취득을 제한하는 것도 주택가격을 안정시키고 투기수요를 억제하려는 취지임을 고려하면 조합설립인가가 투기과열지구로 지정되기 전에 이루어졌다고 해서 조합원 자격 제한 여부를 달리 보는 것은 타당하지 않습니다.

따라서 이 사안과 같이 소규모재건축사업 조합설립인가가 먼저 있은 후 해당 사업지역이 투기과열지구로 지정된 경우에도 소규모주택정비법 제24조제2항이 적용되고, 소규모재건축사업의 건축물등을 조합설립인가 후에 양수한 자는 해당 조합의 조합원이 될 수 없습니다. 끝.

법제처-21-0073호(2021.05.12.)

질의요지

「빈집 및 소규모주택 정비에 관한 특례법」(이하 "소규모주택정비법"이라 함) 제23조제1항제2호 및 같은 법 시행규칙 제9조제2항제4호에서는 가로주택정비사업의 토지등소유자[1]는 조합을 설립하는 경우 창립총회 회의록(창립총회 참석자 명부를 포함하며, 이하 같음)을 첨부하여 시장·군수등[2]의 인가를 받아야 한다고 규정하면서 창립총회의 방법 및 절차에 관하여 별도로 규정하고 있지 않은바,

가로주택정비사업의 토지등소유자가 조합을 설립하기 위해 개최하는 창립총회의 방법 및 절차에 관하여 「도시 및 주거환경정비법」(이하 "도시정비법"이라 함) 제32조제3항 및 같은 법 시행령 제27조를 준용해야 하는지?[3]

회신내용

가로주택정비사업의 조합설립을 위한 창립총회의 방법 및 절차에 관하여 도시정비법 제32조제3항 및 같은 법 시행령 제27조는 준용되지 않습니다.

소규모주택정비법은 도시정비법에서 규정하고 있던 가로주택정비사업 등의 내용을 이관하면서 사업절차를 간소화하고 특례규정을 신설하는 등 가로주택정비사업을 활성화하기 위한 목적으로 제정된 법률

1) 가로주택정비사업 시행구역에 위치한 토지 또는 건축물의 소유자, 해당 토지의 지상권자 등을 말하며(소규모주택정비법 제2조제1항제6호 참조), 이하 같음.

2) 가로주택정비사업 시행구역에 위치한 토지 또는 건축물의 소유자, 해당 토지의 지상권자 등을 말하며(소규모주택정비법 제2조제1항제6호 참조), 이하 같음.

3) 2017. 2. 8. 법률 제14569호로 제정된 소규모주택정비법의 시행일인 2018. 2. 9. 이후에 시행하는 가로주택정비사업을 전제함.

로서,[1] 소규모주택정비법과 도시정비법은 입법목적과 규율대상을 달리하는 별개의 법률이고, 소규모주택정비법에 따른 가로주택정비사업 등 소규모주택정비사업과 도시정비법에 따른 정비사업[2]은 사업의 목적, 내용, 규모 및 사업의 운영절차 등에 있어 구분되는 별개의 사업이므로 가로주택정비사업에 관하여 도시정비법을 준용하기 위해서는 명문의 근거가 필요합니다.

이에 소규모주택정비법 제56조에서도 토지등소유자의 동의방법, 사업대행자 지정 및 조합의 법인격·정관·임원 등 도시정비법의 준용이 필요한 사항과 각 사항별로 준용하는 도시정비법 조문을 열거하여 규정하고 있는데, 조합의 총회 소집 절차 등에 관한 도시정비법 제44조는 준용하는 조문으로 포함되어 있는 반면, 조합설립을 위한 창립총회의 방법 및 절차에 관한 도시정비법 제32조제3항은 포함되어 있지 않은바, 이는 조합이 설립된 이후 조합이 소집하는 총회와 달리 조합이 설립되기 전 조합설립을 위해 개최하는 창립총회에 관하여는 도시정비법 조문을 준용하지 않으려는 취지로 보아야 합니다.

또한 소규모주택정비법령을 제정하여 도시정비법령에서 규정하던 가로주택정비사업 등의 내용을 이관하여 규정하면서, 종전 도시정비법령에서 가로주택정비사업의 경우에도 창립총회의 방법 및 절차 등에 관한 사항을 적용하도록 규정했던 내용은 포함하지 않고, 조합설립인가 신청 시 창립총회 회의록과 창립총회 대의원으로 선임된 자의 자격을 증명하는 서류를 첨부하도록 한 것과 토지등소유자의 조합설립에 관한 동의의 철회에 관한 내용[3]만을 이관하여 규정[4]하였다는 점에 비추어 보면, 도시정비법령에 따른 창립총회에 관한 내용 중 일부만을 가로주택정비사업에 적용하여 사업절차를 간소화하려는 것으로 볼 수 있습니다.

아울러 도시정비법에 따르면 창립총회를 개최하는 주체는 "조합설립추진위원회"인 반면, 소규모주택정비법에서는 가로주택정비사업의 조합설립을 위한 추진위원회 구성을 예정하고 있지 않은바, 준용의 근거와 준용 시 추진위원회를 바꿔 읽도록 하는 규정 없이 가로주택정비사업의 조합설립을 위한 창립총회를 개최하는 방법 및 절차에 관하여 도시정비법령을 준용해야 한다고 볼 경우 집행상 혼란이 발생할 우려가 있다는 점도 이 사안을 해석할 때 고려해야 합니다.

따라서 소규모주택정비법 제23조제1항제2호 및 같은 법 시행규칙 제9조제2항제4호에서 가로주택정비사업의 토지등소유자가 조합설립인가 신청 시 첨부해야 하는 서류 중 하나로 창립총회 회의록을 규정한 것만으로 가로주택정비사업의 조합설립을 위한 창립총회의 방법 및 절차에 관하여 도시정비법 제32조제3항 및 같은 법 시행령 제27조를 준용해야 한다고 볼 수는 없습니다. 끝.

---

1) 2017. 2. 8. 법률 제14569호로 제정되어 2018. 2. 9. 시행된 소규모주택정비법 제정이유 및 주요내용 참조

2) 도시정비법 제2조제2호에 따른 "정비사업"을 말하며, 이하 같음.

3) 구 도시정비법 시행규칙(2018. 2. 9. 국토교통부령 제491호로 전부개정되어 같은 날 시행되기 전의 것을 말함) 제7조제1항제4호 · 제7호 및 별지 제4호의3서식 참조

4) 소규모주택정비법 시행규칙 제9조제2항제4호·제5호 및 별지 제12호서식 참조

법제처-21-0736호(2022.03.03.)

질의요지

「빈집 및 소규모주택 정비에 관한 특례법」(이하 "소규모주택정비법"이라 함) 제23조제1항 전단에서는 가로주택정비사업의 토지등소유자는 조합을 설립하는 경우 토지등소유자의 10분의 8 이상 및 토지면적의 3분의 2 이상의 토지소유자 동의를 받아야 한다고 규정하면서, 같은 항 후단에서는 이 경우 사업시행구역의 공동주택은 각 동별 구분소유자의 과반수 동의[1]를, 공동주택 외의 건축물은 해당 건축물이 소재하는 전체 토지면적의 2분의 1 이상의 토지소유자 동의를 받아야 한다고 규정하고 있는바,

소규모주택정비법 제23조제1항 후단에 따라 공동주택 외의 건축물에 대한 토지소유자 동의 비율을 산정할 때의 기준이 되는 "전체 토지면적"은 각 건축물이 소재하는 개별 토지의 면적을 의미하는지, 아니면 각 건축물이 소재하는 토지를 모두 합한 토지의 면적을 의미하는지?

회신내용

이 사안의 경우 "전체 토지면적"은 사업시행구역의 공동주택 외의 각 건축물이 소재하는 토지를 모두 합한 토지의 면적을 의미합니다.

소규모주택정비법 제23조제1항 후단에서는 공동주택은 각 동별 구분소유자의 과반수 동의를, 공동주택 외의 건축물은 해당 건축물이 소재하는 전체 토지면적의 2분의 1 이상의 토지소유자 동의를 받아야 한다고 규정하고 있는데, 동의의 대상을 "각 동별 구분소유자"로 규정하고 있는 공동주택의 경우와 달리, 공동주택 외의 건축물의 경우에는 해당 건축물이 소재하는 "전체 토지면적"의 2분의 1 이상의 토지소유자로 규정하여 "전체"라는 표현을 사용하고 있는 점에 비추어 볼 때, 토지소유자 동의 비율을 산정할 때 기준이 되는 "전체 토지면적"은 사업시행구역 내에 있는 공동주택 외의 각 건축물이 소재하는 토지를 모두 합한 토지 면적을 의미한다고 할 것입니다.

또한 소규모주택정비법 제23조제1항 전단에서 가로주택정비사업의 사업시행구역 전체를 기준으로 조합설립에 대한 동의 요건을 규정하면서, 같은 항 후단에서 공동주택의 경우와 공동주택 외의 건축물의 경우에 대해 동의요건을 달리 규정한 취지는 건축물의 유형별 특성을 고려하여 세부적인 동의율이 반영되도록 함으로써 향후 주민분쟁의 소지를 최소화하고 사업의 원활한 추진을 도모하기 위한 것인바, 이 중 단독주택, 상가 등 공동주택 외의 건축물의 경우에는 토지면적 대비 토지소유자의 수가 적은 특성 등으로 인하여 가로주택정비사업 추진에 따른 이해관계가 공동주택의 경우와 다를 수 있어 공동주택 외의 건축물을 대상으로 한 동의 요건을 별개로 규정한 것으로 보아야 하므로, 공동주택 외의 토지소유자의 동의율은 개개의 건축물이 아닌 공동주택 외의 건축물이 소재하는 토지를 합한 전체를 기준으로 산정해

1) 공동주택의 각 동별 구분소유자가 5명 이하인 경우는 제외함.

야 한다고 보는 것이 같은 항 후단의 규정 취지에 부합한다고 할 것입니다.

한편 소규모주택정비법 제23조제1항 후단에 따른 공동주택 외의 건축물에 대한 동의요건은 건축물이 소재하는 개별 토지의 소유자들 간의 이해관계를 조율하기 위해 둔 것이므로 개별 건축물이 소재하는 토지를 기준으로 해야 한다는 의견이 있으나, 같은 법 제25조제1항제3호, 같은 조 제4항 및 같은 법 시행령 제23조에서는 가로주택정비사업의 조합 설립에 대한 토지등소유자의 동의자 수 산정방법에 관하여 「도시 및 주거환경정비법 시행령」 제33조 중 주거환경개선사업의 토지등소유자의 동의자 수 산정방법을 준용하도록 하고 있고, 주거환경개선사업의 토지등소유자의 동의자 수 산정방법에 관한 같은 조 제1항 제1호에서는 하나의 건축물이 소재하는 토지에 대해 동의의 의사를 표시할 수 있는 토지소유자의 수는 1필지를 여럿이서 공유할 때에는 그 여럿을 대표하는 1인(가목)을, 둘 이상의 토지를 소유한 공유자가 동일한 경우에는 그 공유자 여럿을 대표하는 1인(라목)을 토지등소유자로 산정하도록 규정하고 있는 점에 비추어 볼 때, 공동주택 외의 개별 건축물에 대해서는 그 건축물이 소재하는 토지의 공유자에 대해 별도의 동의율을 산정할 실익이 크지 않으며, 개별 건축물이 소재하는 토지를 기준으로 그 토지면적의 2분의 1 이상의 토지소유자의 동의를 받도록 할 경우 소규모주택 정비를 활성화하려는 소규모주택정비법의 입법목적에도 부합하지 않는다는 점도 이 사안을 해석할 때 고려할 필요가 있습니다.

따라서 이 사안의 경우 소규모주택정비법 제23조제1항 후단에 따른 "전체 토지면적"은 사업시행구역의 공동주택 외의 각 건축물이 소재하는 토지를 모두 합한 토지의 면적을 의미합니다. 끝.

법제처-21-0708호(2022.03.18.)

➔ 질의요지

「빈집 및 소규모주택 정비에 관한 특례법」(이하 "소규모주택정비법"이라 함) 제24조제2항에서는 투기과열지구[1]로 지정된 지역에서 소규모재건축사업을 시행하는 경우 조합설립인가 후 해당 사업의 건축물 또는 토지를 양수[2]한 자는 조합원이 될 수 없다고 규정하면서(본문) 양도인이 불가피한 사정으로 양도하는 경우로서 대통령령으로 정하는 경우에 그 건축물 또는 토지를 양수한 자는 조합원이 될 수 있다고 규정하고 있고(단서 및 제4호),

그 위임에 따라 같은 법 시행령 제22조제1호에서는 조합설립인가일부터 2년 이내에 사업시행계획인가[3] 신청이 없는 경우로서 해당 사업의 건축물을 2년 이상 계속하여 소유하고 있는 경우를 규정하고 있는바,

1) 「주택법」 제63조제1항에 따른 투기과열지구를 말하며, 이하 같음.

2) 매매 · 증여 그 밖의 권리의 변동을 수반하는 모든 행위를 포함하되, 상속 · 이혼으로 인한 양도 · 양수의 경우는 제외하며, 이하 같음.

3) 소규모주택정비법 제29조에 따른 사업시행계획인가를 말하며, 이하 같음.

조합설립인가일부터 2년 이내에는 사업시행계획인가 신청이 없었으나, 해당 사업의 건축물의 양도 시점에는 사업시행계획인가 신청이 있는 경우로서 양도인이 그 건축물을 2년 이상 계속하여 소유하고 있는 경우 해당 양도인으로부터 건축물을 양수한 자는 조합원 자격이 있는지?

➲ 회신내용

이 사안의 경우 해당 사업의 건축물을 양수한 자는 조합원 자격이 없습니다.

소규모주택정비법 제24조제2항 단서 및 제4호와 그 위임에 따른 같은 법 시행령 제22조제1호에서는 투기과열지구에서 소규모재건축사업의 조합설립인가 후 건축물 또는 토지를 양수한 자에 대해 조합원 자격을 취득할 수 없도록 하는 원칙에 대한 예외로, "조합설립인가일부터 2년 이내에 사업시행계획인가 신청이 없는 경우"로서 양도인이 해당 사업의 건축물을 2년 이상 계속하여 소유하고 있는 경우에는 그 양수인이 조합원 자격을 취득할 수 있도록 규정하면서, "사업시행계획인가 신청이 없는" 상태가 해당 사업의 건축물의 양도일까지 유지되어야 하는지에 대해서는 명확히 규정하고 있지 않은바, 이 사안의 경우 해당 사업의 건축물을 양수한 자가 조합원 자격이 있는지는 해당 규정의 문언, 조합설립인가 후 조합원 자격 취득 제한 제도를 규정한 취지 및 그 예외사유 중 하나로 "사업시행계획인가 신청이 없는 경우"를 규정한 취지 등을 종합적으로 고려하여 해석할 필요가 있습니다.

먼저 소규모주택정비법 시행령 제22조제1호에서는 사업시행계획인가 신청 관련 요건과 소유기간 요건을 모두 갖추도록 하면서 각각 사업시행계획인가 "신청이 없는 경우"와 해당 사업의 건축물을 "소유하고 있는 경우"로 규정하여 현재 시점을 기준으로 한 표현으로 대구를 이루고 있는데, 이는 양도인이 해당 사업의 건축물 양도일 현재 조합원 지위를 양도하기 위해 갖추어야 하는 요건을 규정한 것으로 보아야 할 것인바, 해당 규정 중 "조합설립인가일부터 2년 이내에 사업시행계획인가 신청이 없는 경우"는 "조합설립인가일부터 2년 이내"에 사업시행계획인가 신청이 없었을 뿐만 아니라 "양도일" 현재에도 그 신청이 없는 경우를 동시에 규정한 것으로 보아야 합니다.

또한 소규모주택정비법 시행령 제22조제1호의 입법연혁을 살펴보면, 같은 호는 종전에 「도시 및 주거환경정비법」 및 같은 법 시행령에서 규율하던 소규모재건축사업 관련 내용을 2018년 2월 8일 법률 제14569호로 제정된 소규모주택정비법 및 같은 법 시행령으로 각각 이관하면서 옮겨온 규정인데, 구 「도시 및 주거환경정비법」[1]에서 투기과열지구에서 조합설립인가 후에 조합원 자격의 취득을 제한하는 제도를 도입한 취지가 재건축주택에 대한 투기수요를 차단하려는 것이라는 점[2]과 구 「도시 및 주거환경정비법 시행령」[3]에서 조합원 자격 취득 제한의 예외사유로 조합설립인가일부터 3년 이내에 사업시행계획인가 신청이 없는 경우를 규정한 취지가 "사업이 장기간 지연되는 경우"에 조합원 자격 취득 제한의 예외

1) 2003. 12. 31. 법률 제7056호로 일부개정되어 같은 날 시행된 것을 말하며, 이하 같음.

2) 구 「도시 및 주거환경정비법」 개정이유 참고

3) 2005. 5. 18. 대통령령 제18830호로 일부개정되어 2005. 5. 19. 시행된 것을 말하며, 이하 같음.

를 인정하기 위함이라는 점[1]을 종합적으로 고려할 때, 조합원 자격 취득 제한의 예외로 인정되는 경우는 양도일 당시에도 사업시행계획인가의 신청이 없어 사업지연의 상태가 계속되고 있는 경우로서 해당 재건축주택에 대한 양도 · 양수를 투기수요에 따른 것으로 보기 어려운 경우로 한정된다고 보아야 하며, 만약 양도일 전에 사업시행계획인가 신청이 이루어진 경우까지 조합원 자격 취득 제한의 예외를 인정한다면 재건축주택에 대한 투기수요 차단이라는 당초의 제도 도입 목적을 달성하지 못하는 결과가 초래된다고 할 것입니다.

한편 소규모주택정비법 시행령 제22조제1호와 유사하게 조합원 자격 취득 제한에 대한 예외사유를 정한 「도시 및 주거환경정비법 시행령」 제37조제3항제1호에서는 조합설립인가일부터 3년 이상 사업시행인가 신청이 없는 재건축사업의 건축물을 3년 이상 계속하여 소유하고 있는 자가 "사업시행인가 신청 전에 양도하는 경우"로 규정하고 있는바, 이와 달리 양도일 당시에 사업시행계획인가 신청이 없어야 함을 명시하고 있지 않은 소규모주택정비법 시행령 제22조제1호는 양도일에는 사업시행계획인가 신청이 있더라도 조합설립인가일부터 2년 이내에 사업시행계획인가 신청이 없었다면 그 요건을 충족하는 것으로 해석해야 한다는 의견이 있습니다.

그러나 「도시 및 주거환경정비법 시행령」 제37조제3항제1호는 종전에 "조합설립인가일부터 2년 이내에 사업시행인가 신청이 없는 주택재건축사업의 건축물을 2년 이상 계속하여 소유하고 있는 경우"로 규정하고 있던 조문[2]을 개정한 것으로, 사업지연기간과 소유기간을 각각 2년에서 3년으로 확대하고 "사업시행인가 신청 전에 양도"라는 문언을 추가하면서도, 개정 당시의 부칙[3]에서는 기간 요건을 강화한 부분에 대해서만 경과규정을 두고 "사업시행인가 신청 전 양도"라는 문언을 추가하여 규정한 부분에 대해서는 별도의 경과규정을 두지 않았다는 점에 비추어 볼 때, "사업시행인가 신청 전에 양도하는 경우"를 규정한 것은 종전의 규정을 명확하게 하기 위한 차원의 개정으로 보는 것이 타당하다고 할 것이므로, 양도일 당시에 사업시행계획인가 신청이 없어야 하는지 여부에 대해 소규모주택정비법 시행령 제22조제1호와 「도시 및 주거환경정비법 시행령」 제37조제3항제1호를 달리 보아야 한다는 의견은 타당하지 않습니다.

따라서 이 사안의 경우 해당 사업의 건축물을 양수한 자는 조합원 자격이 없습니다. 끝.

---

1) 구 「도시 및 주거환경정비법 시행령」 입법예고문 참고

2) 2017. 9. 29. 대통령령 제28351호로 일부개정되기 전의 「도시 및 주거환경정비법 시행령」 제30조제3항제1호를 말함.

3) 2017. 9. 29. 대통령령 제28351호 도시 및 주거환경정비법 시행령 일부개정령 부칙 제3조제1항 참조

법제처-22-0350호(2022.11.25.)

질의요지

「빈집 및 소규모주택 정비에 관한 특례법」(이하 "소규모주택정비법"이라 함) 제16조제3항에서는 소규모재건축사업은 같은 법 제29조에 따라 인가받은 사업시행계획에 따라 주택, 부대시설·복리시설 및 오피스텔[1]을 건설하여 공급하는 방법으로 시행하되(본문), 주택단지에 위치하지 않은 토지 또는 건축물이 다음 각 호의 어느 하나에 해당하는 경우로서 사업시행상 불가피한 경우에는 대통령령으로 정하는 편입 면적 내에서 해당 토지 또는 건축물을 포함하여 사업을 시행할 수 있다(단서)고 규정하고 있고, 그 위임에 따라 마련된 같은 법 시행령 제15조의3에서는 '대통령령으로 정하는 편입 면적 내'란 주택단지 면적의 100분의 20 미만을 말한다고 규정하고 있는바,

소규모주택정비법 제16조제3항 단서에 따라 주택단지에 위치하지 않은 토지 또는 건축물을 포함하여 소규모재건축사업을 시행하려는 경우, 그 토지 또는 건축물의 면적과 주택단지의 면적을 합한 면적이 같은 법 시행령 제3조제1항제3호가목에 따른 사업시행구역 면적 기준인 1만㎡ 미만이어야 하는지, 아니면 주택단지만의 면적이 1만㎡ 미만이면 되는지?

회신내용

이 사안의 경우, 주택단지에 위치하지 않은 토지 또는 건축물의 면적과 주택단지의 면적을 합한 면적이 소규모주택정비법 시행령 제3조제1항제3호가목에 따른 사업시행구역 면적 기준인 1만㎡ 미만이어야 합니다.

소규모주택정비법 제2조제1항제3호 각 목 외의 부분 및 같은 호 다목에 따르면, 소규모재건축사업이란 같은 법에서 정한 절차에 따라 노후·불량건축물의 밀집 등 대통령령으로 정하는 요건에 해당하는 지역으로서 정비기반시설이 양호한 지역에서 소규모로 공동주택을 재건축하기 위해 시행하는 사업을 말하는데, 그 위임에 따라 마련된 같은 법 시행령 제3조제1항제3호에서는 소규모재건축사업의 경우 "노후·불량건축물의 밀집 등 대통령령으로 정하는 요건에 해당하는 지역"을 「도시 및 주거환경정비법」(이하 "도시정비법"이라 함) 제2조제7호의 주택단지로서 해당 사업시행구역의 면적이 1만㎡ 미만일 것(가목) 등의 요건을 모두 충족한 지역으로 규정하여, 소규모재건축사업이 시행되는 지역의 요건을 구체적으로 정하고 있습니다.

그런데 소규모주택정비법 제16조제3항 단서에서는 같은 항 각 호의 어느 하나에 해당하는 경우로서 사업시행상 불가피한 경우에는 대통령령으로 정하는 편입 면적 내에서 해당 토지 또는 건축물을 포함하여 사업을 시행할 수 있다고 규정하고 있고, 그 위임에 따라 마련된 같은 법 시행령 제15조의3에서는 "대통

1) 「건축법」 제2조제2항에 따른 업무시설 중 오피스텔을 말하며, 이하 같음.

령령으로 정하는 편입 면적 내"를 주택단지 면적의 100분의 20 미만으로 규정하고 있으나, 그 경우의 사업시행구역 면적에 관하여는 명확하게 규정하고 있지 않은바, 이 사안의 경우 같은 법 시행령 제3조제1항제3호가목에 따른 '해당 사업시행구역 면적'의 의미는 소규모주택정비법의 입법취지, 관련 규정의 체계 및 다른 법령과의 관계 등을 종합적으로 살펴 판단할 필요가 있습니다.

우선 소규모주택정비법 제2조제1항제4호에서는 "사업시행구역"이란 빈집정비사업 또는 소규모주택정비사업을 시행하는 구역을 말한다고 규정하고 있고, 같은 법 시행령 제3조제1항제3호가목에서는 소규모주택정비사업의 하나인 소규모재건축사업의 경우 사업시행구역의 면적이 1만 ㎡ 미만일 것으로 그 면적 기준을 분명하게 규정하고 있으며, 같은 법 제16조제3항 단서에서는 주택단지에 위치하지 않은 토지 또는 건축물을 '포함하여' 사업을 시행할 수 있다고 규정하고 있는바, 같은 항 단서에 따라 소규모재건축사업을 시행하는 경우, 주택단지에 위치하지 않은 토지 또는 건축물도 소규모재건축사업에 '포함'되는 것이 문언상 명백하고, 그 토지 또는 건축물이 위치한 구역도 소규모재건축사업을 시행하는 구역으로서 같은 법 제2조제1항제4호에 따른 '사업시행구역'에 해당하므로, 결국 소규모주택정비법 제16조제3항 단서에 따라 불가피하게 사업에 포함되는 토지 또는 건축물의 면적도 같은 법 시행령 제3조제1항제3호가목에 따른 '해당 사업시행구역 면적'에 포함되고, 그 토지 또는 건축물의 면적을 포함한 전체 사업의 시행구역 면적이 1만㎡ 미만이어야 소규모재건축사업 기준을 충족한다고 보아야 합니다.

그리고 소규모주택정비법 제16조제3항 단서에서는 사업시행상 불가피한 경우에는 대통령령으로 정하는 '편입 면적' 내에서 일정 요건을 충족하는 주택단지 외의 토지 또는 건축물을 포함하여 사업을 시행할 수 있도록 소규모재건축사업 시행방법의 예외를 규정하고 있는바, '편입'이라는 문언에 비추어 볼 때, 같은 항 단서는 예외적으로 사업에 포함되는 토지 또는 건축물이 있더라도 소규모재건축사업 사업시행구역으로 인정될 수 있는 면적은 같은 법 제2조제1항제3호 및 같은 법 시행령 제3조제1항제3호에 따라 1만㎡ 미만일 것이 전제된 규정으로 보아야 하고, 이와 달리 전체 소규모재건축사업 사업시행구역 면적이 1만㎡ 이상까지 확대될 수 있다는 예외를 규정한 것으로 보기는 어렵습니다.

또한 구 도시정비법(2017년 2월 8일 법률 제14567호로 전부개정되기 전의 것을 말하며, 이하 같음)에서는 주택재건축사업을 부지면적이 1만 ㎡ 이상이고 정비계획이 수립된 "정비구역"에서 시행되는 사업으로 규정하면서, 예외적으로 "정비구역이 아닌 구역"에서 시행되는 주택재건축사업까지 포함되도록 규정하고 있었으나[1)], 2017년 2월 8일 법률 제14567호로 도시정비법을 전부개정하면서 정비구역이 아닌 구역에서의 주택재건축사업 관련 규정을 소규모주택정비법으로 이관하여 소규모재건축사업으로 규정[2)]하고, 그 사업시행구역 면적 기준을 1만㎡ 미만일 것 등으로 규정한 입법연혁과 규정체계에 비추어 볼 때, 도시정비법이 적용되는 재건축사업과 소규모주택정비법이 적용되는 소규모재건축사업은 사업시행구역

1) 구 도시정비법 제2조제2호, 제4조, 같은 법 시행령 제10조, [별표 1] 제3호 및 법제처 2017. 12. 4. 회신 17-0580 해석례 참조

2) 2016. 8. 11. 의안번호 제2001546호로 발의된 「빈집 및 소규모주택 정비에 관한 특례법」에 대한 국회 국토교통위원회 심사보고서 참조

면적이 1만㎡ 미만일 것 등의 기준으로 구분되는바, 만약 주택단지에 위치하지 않은 토지 또는 건축물을 포함하여 소규모재건축사업을 시행하는 경우 그 사업 시행구역의 면적이 1만㎡ 이상일 수 있다고 본다면, 도시정비법과 소규모주택정비법의 적용대상 구분에 혼란이 발생할 수 있습니다.

아울러 소규모주택정비법에서는 대규모정비사업 위주로 규정하고 소규모정비사업에 대한 지원 규정이 미흡했던 구 도시정비법의 문제점을 보완하고 소규모정비사업을 활성화하려는 취지에서 사업시행계획과 관리처분계획을 통합하여 절차를 간소화(제29조 및 제34조)하고, 건축규제를 완화(제48조)하는 등 도시정비법의 예외에 해당하는 공공지원 규정을 마련하고 있는바[1], 이러한 예외적인 공공지원의 대상이 되는 소규모재건축사업의 사업시행구역 면적 기준 역시 엄격하게 해석할 필요가 있다는 점도 이 사안을 해석할 때 고려할 필요가 있습니다.

한편 소규모재건축사업에 포함되는 주택단지에 위치하지 않은 토지 또는 건축물의 면적이 사업시행구역 면적에 포함된다고 본다면, 최초 소규모재건축사업에 대한 사업시행계획인가 이후 해당 토지 또는 건축물이 사업에 포함되어 그 사업시행구역 면적이 1만 ㎡ 이상이 되는 경우 소규모재건축사업 시행 도중에 해당 사업을 도시정비법에 따른 재건축사업으로 변경하여 시행해야 하는 불합리가 발생하므로, 주택단지에 위치하지 않은 토지 또는 건축물의 면적은 사업시행구역 면적에 포함되지 않는다는 의견이 있으나, 소규모재건축사업은 정비기반시설이 양호한 지역인 소규모 주택단지에서 토지이용계획, 정비기반시설 및 공동이용시설 설치계획 등에 대한 검토가 이루어진 이후에 사업시행계획인가를 받아 시행되므로[2], 사업 시행 도중에 소규모주택정비법 제16조제3항 각 호의 어느 하나에 해당하는 사유가 새로 발생하여 주택단지에 위치하지 않은 토지 또는 건축물이 사업에 포함될 가능성이 매우 낮고, 주택을 재건축하는 사업을 사업시행구역 면적 1만 ㎡를 기준으로 구분하여 도시정비법과 소규모주택정비법으로 그 적용 법률을 달리 하려는 입법취지에 따라 사업시행구역의 면적이 1만 ㎡ 이상이 되면 도시정비법의 적용을 받는다고 해석하는 것을 불합리하다고 볼 수 없다는 점에서, 그러한 의견은 타당하다고 보기 어렵습니다.

따라서 소규모주택정비법 제16조제3항 단서에 따라 주택단지에 위치하지 않은 토지 또는 건축물을 포함하여 소규모재건축사업을 시행하려는 경우, 해당 토지 또는 건축물의 면적과 주택단지의 면적을 합한 면적은 소규모주택정비법 시행령 제3조제1항제3호가목에 따른 사업시행구역 면적 기준인 1만 ㎡ 미만이어야 합니다. 끝.

1) 2017. 2. 8. 법률 제14569호로 제정된 소규모주택정비법 제정이유 및 주요내용 참조
2) 소규모주택정비법 제30조제1항 및 같은 영 제27조제1항 등 참조

질의요지

「빈집 및 소규모주택 정비에 관한 특례법」(이하 "소규모주택정비법"이라 함) 제23조제1항 각 호 외의 부분 전단에서는 가로주택정비사업[1]의 토지등소유자[2]는 조합을 설립하는 경우 토지등소유자의 10분의 8 이상 및 토지면적의 3분의 2 이상의 토지소유자 동의를 받아야 한다고 규정하면서,

같은 항 각 호 외의 부분 후단에서는 이 경우 사업시행구역의 공동주택은 각 동별 구분소유자의 과반수 동의(공동주택의 각 동별 구분소유자가 5명 이하인 경우는 제외함)를, 그 외의 토지 또는 건축물은 해당 토지 또는 건축물이 소재하는 전체 토지면적의 2분의 1 이상의 토지소유자 동의를 받아야 한다고 규정하고 있는바,

가로주택정비사업의 토지등소유자가 조합을 설립하려는 경우, 가로주택정비사업 시행구역에서 공동주택 외의 건축물이 소재하는 전체 토지를 1명이 소유하더라도 소규모주택정비법 제23조제1항 각 호 외의 부분 후단이 적용되어 공동주택 외의 건축물이 소재하는 전체 토지를 소유한 토지소유자 1명의 동의를 받아야 하는지?[4]

회신내용

이 사안의 경우, 가로주택정비사업 시행구역에서 공동주택 외의 건축물이 소재하는 전체 토지를 1명이 소유하더라도 소규모주택정비법 제23조제1항 각 호 외의 부분 후단이 적용되므로 공동주택 외의 건축물이 소재하는 전체 토지를 소유한 토지소유자 1명의 동의를 받아야 합니다.

법령의 문언 자체가 비교적 명확한 개념으로 구성되어 있다면 원칙적으로 더 이상 다른 해석방법은 활용할 필요가 없거나 제한될 수밖에 없는데[5], 가로주택정비사업 조합의 설립을 위한 토지등소유자의 동의 요건 등을 정하고 있는 소규모주택정비법 제23조제1항 각 호 외의 부분 후단에서는 공동주택 구분소유자의 동의 요건과 관련하여 '공동주택의 각 동별 구분소유자가 5명 이하인 경우는 제외한다'고 규정하여 해당 요건의 적용이 배제되는 경우를 명확하게 규정하고 있는 반면, 공동주택 외의 토지 또는 건축물과 관련해서는 해당 토지 또는 건축물이 소재하는 전체 토지면적의 2분의 1 이상의 토지소유자 동의를 받아야 한다고 규정하고 있을 뿐, 그 토지소유자 동의 요건의 적용 배제에 관해 별도로 규정하고 있지 않

1) 소규모주택정비법 제30조제1항 및 같은 영 제27조제1항 등 참조
2) 소규모주택정비법 제2조제1항제3호나목에 따른 '가로구역에서 종전의 가로를 유지하면서 소규모로 주거환경을 개선하기 위한 사업'을 말하며, 이하 같음.
3) 소규모주택정비법 제2조제1항제6호가목에 따른 '사업시행구역에 위치한 토지 또는 건축물의 소유자, 해당 토지의 지상권자'를 말하며, 이하 같음.
4) 사업시행구역에 나대지는 없는 경우를 전제함.
5) 대법원 2009. 4. 23. 선고 2006다81035 판결례 참조

습니다.

그리고 소규모주택정비법 제23조제1항에서 '토지등소유자' 및 '구분소유자'의 동의 요건 외에 토지면적을 기준으로 한 '토지소유자'의 동의 요건을 별도로 규정한 것은 공동주택 외의 토지 또는 건축물은 공동주택에 비해 그 토지면적 대비 토지소유자의 수가 적어 토지등소유자의 동의 비율만을 조합설립인가 요건으로 할 경우에는 작은 토지면적을 소유한 다수자의 동의에 의해 많은 토지면적을 소유한 소수자의 권리를 침해하는 결과를 초래할 수 있다는 점[1]을 고려하여 가로주택정비사업 조합설립 요건에 인적 요소와 함께 재산적 요소가 반영될 수 있도록 '토지면적의 토지소유자'라는 개념을 설정한 것인바[2], 가로주택정비사업시행구역에 공동주택 외의 토지 또는 건축물이 소재하는 토지가 있다면 그 전체 토지를 몇 명이 소유하고 있는지와 관계없이 같은 항 각 호 외의 부분 후단에 따른 '토지면적의 2분의 1 이상의 토지소유자 동의' 요건이 적용된다고 보는 것이 해당 조문의 입법취지에 부합합니다.

아울러 상대방에게 의무를 부과하거나 국민의 권리를 제한하는 규정의 해석은 엄격하여야 할 것인데[3], 사업시행구역의 토지등소유자는 조합이 설립되어 가로주택정비사업이 추진되는 경우 소규모주택정비법 제23조의3제1항제3호에 따라 건축 등의 행위를 하려면 시장·군수등의 허가를 받아야 하고, 이를 위반한 경우 같은 조 제4항에 따른 원상회복 명령 및 대집행의 대상이 될 뿐 아니라, 가로주택정비사업을 반대하더라도 같은 법 제35조에 따라 일정한 절차를 거쳐 가로주택정비사업의 사업시행자로부터 토지 또는 건축물에 대한 매도청구까지 받을 수 있는 등 재산권의 행사에 상당한 제한을 받게 된다는 점도 이 사안을 해석할 때 함께 고려할 필요가 있습니다.

따라서 이 사안의 경우, 가로주택정비사업 시행구역에서 공동주택 외의 건축물이 소재하는 전체 토지를 1명이 소유하더라도 소규모주택정비법 제23조제1항 각 호 외의 부분 후단이 적용되므로 공동주택 외의 건축물이 소재하는 전체 토지를 소유한 토지소유자 1명의 동의를 받아야 합니다. 끝.

1) 소규모주택정비법 제23조제1항 각 호 외의 부분 전단은 구 「도시 및 주거환경정비법」(2017. 2. 8. 법률 제14567호로 전부개정되기 전의 것을 말하며, 이하 같음.) 제16조제1항에서 이관된 것으로서, 같은 항에 관한 법제처 2011. 12. 8. 회신 11-0666 해석례 참조

2) 구 「도시 및 주거환경정비법」 제16조제1항에 관한 대법원 2013. 11. 14. 선고 2011두5759 판결례 참조

3) 대법원 2006. 6. 2. 선고 2006도2665 판결례 참조

질의요지

「빈집 및 소규모주택 정비에 관한 특례법」(이하 "소규모주택정비법"이라 함) 제35조제5항에서는 가로주택정비사업[1] 또는 소규모재건축사업[2]의 사업시행자(소규모주택정비법 제2조제6호에 따른 토지등소유자는 제외하며, 이하 "사업시행자라" 함)[3]는 같은 법 제35조제3항에 따른 주민합의체 구성, 조합설립 또는 사업시행자 지정에 대한 동의 여부 회답 기간이 만료된 때부터 60일 이내에 동의하지 않겠다는 뜻을 회답한 토지등소유자[4]와 건축물 또는 토지만 소유한 자에게 건축물 또는 토지의 소유권과 그 밖의 권리를 매도할 것을 청구할 수 있다고 규정하고 있는 한편,

소규모주택정비법 제36조제2항에서는 사업시행자는 분양신청을 하지 않은 자 등 같은 조 제1항 각 호에서 정하는 자와 같은 항에 따른 손실보상 협의가 성립되지 않은 경우에는 그 기간의 만료일 다음 날부터 60일 이내에 수용재결을 신청하거나 같은 법 제35조에 따른 매도청구소송을 제기해야 한다고 규정하고 있는바,

(질의1) 소규모주택정비법 제35조제5항에 따른 사업시행자의 매도청구는 같은 항에 따른 기간 내에 이루어져야 하는지?

(질의2) 가로주택정비사업의 경우, 소규모주택정비법 제35조제5항에 따른 사업시행자의 매도청구가 있었던 경우에만 같은 법 제36조제2항에 따른 사업시행자의 매도청구소송 제기도 가능한지?[5]

회신내용

(질의1) 소규모주택정비법 제35조제5항에 따른 사업시행자의 매도청구는 같은 항에 따른 기간 내에 이루어져야 합니다.

법령의 문언 자체가 비교적 명확한 개념으로 구성되어 있다면 원칙적으로 더 이상 다른 해석방법은 활용할 필요가 없거나 제한될 수밖에 없다고 할 것인데[6], 소규모주택정비법 제35조제5항에서는 사업시행자는 같은 조 제3항에 따른 기간이 만료된 때부터 60일 이내에 주민합의체 구성, 조합설립 또는 사업시

1) 소규모주택정비법 제2조제1항제3호나목에 따른 가로주택정비사업을 말하며, 이하 같음.
2) 소규모주택정비법 제2조제1항제3호다목에 따른 소규모재건축사업을 말하며, 이하 같음.
3) 소규모주택정비법 제35조제1항 참조
4) 소규모주택정비법 제2조제6호에 따른 토지등소유자를 말하며, 이하 같음.
5) 소규모주택정비법 제35조제5항에 따른 매도청구의 상대방이 될 수 있었던 자와 같은 법 제36조제2항에 따른 매도청구소송의 상대방이 될 수 있는 자가 동일인으로서, 그가 같은 법 제35조제1항 각 호의 어느 하나에 해당하면서 같은 법 제36조제1항 각 호 어느 하나에도 해당하는 경우를 전제함.
6) 대법원 2009. 4. 23. 선고 2006다81035 판결례 참조

행자 지정에 동의하지 않겠다는 뜻을 회답한 토지등소유자와 건축물 또는 토지만 소유한 자(이하 "사업미동의자등"이라 함)에게 건축물 또는 토지의 소유권과 그 밖의 권리(이하 "토지등소유권"이라 함)를 매도할 것을 청구할 수 있다고 규정하고 있는바, 같은 조 제5항에 따른 사업시행자의 매도청구가 가능한 기간은 같은 항에서 규정하고 있는 기간인 '같은 조 제3항에 따른 기간이 만료된 때부터 60일'임이 문언상 분명합니다.

그리고 소규모주택정비법 제35조제5항에서 매도청구 기간을 명시적으로 제한하여 규정한 취지는 같은 항에 따른 매도청구권의 경우 비록 "청구"라는 문언을 사용하고 있으나 그 실질은 형성권에 해당하여[1] 그 행사로서 매매계약의 성립을 강제하게 되므로, 매도청구의 상대방이 될 수 있는 사업미동의자등에게 사업시행자가 언제까지 매도청구를 할 수 있는지를 알려 예측가능성을 부여하고, 그 기간이 만료된 이후에는 사업시행자가 매도청구권을 행사할 수 없도록 하여 사업미동의자등의 재산권 등 정당한 법적 이익을 보호하기 위한 것으로 보아야 하는바, 이러한 규정취지에 비추어 보더라도 소규모주택정비법 제35조제5항에 따른 사업미동의자등에 대한 사업시행자의 매도청구는 같은 항에 따른 기간 이내에 이루어져야 한다고 보는 것이 타당합니다.

아울러 소규모주택정비법 제35조의 입법연혁을 살펴보면, 구 「도시 및 주거환경정비법」(2017년 2월 8일 법률 제14567호로 전부개정되기 전의 것을 말하며, 이하 "구 도시정비법"이라 함) 제39조에서 주택재건축사업 또는 가로주택정비사업의 시행자가 조합 설립에 동의하지 않은 자 등에 대하여 「집합건물의 소유 및 관리에 관한 법률」(이하 "집합건물법"이라 함) 제48조를 준용하여 매도청구를 할 수 있도록 규정하고 있었는데, 그 중 가로주택정비사업 및 소규모재건축사업에 관한 부분을 2017년 2월 8일 법률 제14569호로 제정된 소규모주택정비법 제35조로 이관하면서 매도청구의 절차 등에 관하여 집합건물법을 준용하는 대신 소규모주택정비법에서 직접 규정한 것[2]이므로, 같은 조 제5항에 따른 매도청구권과 집합건물법 제48조에 따른 매도청구권은 그 법적 성격과 행사 절차가 매우 유사하다고 보아야 할 것인바, 집합건물법 제48조에 따른 매도청구권의 경우 같은 조 제4항에 따른 기간 내에 행사해야 하고, 그 기간에 행사하지 않는 경우 매도청구권의 효력이 상실된다는 점[3]도 이 사안을 해석 시 고려할 필요가 있습니다.

따라서 소규모주택정비법 제35조제5항에 따른 사업시행자의 매도청구는 같은 항에 따른 기간 내에 이루어져야 합니다.

(질의2) 가로주택정비사업의 경우, 소규모주택정비법 제35조제5항에 따른 사업시행자의 매도청구가 있었는지와 관계없이 같은 법 제36조제2항에 따른 사업시행자의 매도청구소송 제기가 가능합니다.

---

1) 대법원 2008. 2. 29. 선고 2006다56572 판결례 및 대법원 2016. 12. 29. 선고 2015다202162 판결례 참조

2) 구 도시정비법 제39조는 각각 소규모주택정비법 제35조 및 도시정비법 제64조로 이관하여 규정된바, 2017. 2. 8. 법률 제14567호로 전부개정된 도시정비법 개정이유 및 주요내용 참조

3) 대법원 2008. 2. 29. 선고 2006다56572 판결례 및 대법원 2016. 12. 29. 선고 2015다202162 판결례 참조

소규모주택정비법 제35조제5항에서는 사업시행자는 사업미동의자등에게 토지등소유권을 매도할 것을 청구할 수 있다고 규정하고 있는 한편, 같은 법 제36조제1항 본문에서는 사업시행자는 사업시행계획이 인가·고시된 날부터 90일 이내에 분양신청을 하지 않은 자 등 같은 조 제1항 각 호에서 정하는 자(이하 "현금청산대상자"라 함)와 토지, 건축물 또는 그 밖의 권리의 손실보상에 관한 협의를 하도록 규정하면서, 같은 조 제2항에서는 그 협의가 성립되지 않은 경우에는 그 기간의 만료일 다음 날부터 60일 이내에 수용재결을 신청하거나 같은 법 제35조에 따른 매도청구소송을 제기해야 한다고 규정하고 있습니다.

그런데 소규모주택정비법 제24조제1항에서는 소규모재건축사업의 경우 그 사업에 동의하는 토지등소유자만 조합원이 되도록 규정하고 있어 토지등소유자가 사업미동의자등인 경우 조합원이 되지 않으므로 현금청산대상자의 지위를 함께 가질 여지가 없으나, 가로주택정비사업의 경우 그 사업에 대한 동의 여부와 무관하게 모든 토지등소유자가 조합원이 되도록 규정하고 있어 토지등소유자가 사업미동의자등에 해당하더라도 조합원이 되고, 이후 현금청산대상자에도 해당할 수 있는바, 이와 같이 사업미동의자등이면서 현금청산대상자에도 해당하는 중첩적인 지위를 가지는 토지등소유자에 대하여 같은 법 제35조제5항에 따른 사업시행자의 매도청구가 이루어지지 않은 경우라면, "제35조에 따른 매도청구소송"이라고 규정한 같은 법 제36조제2항의 문언에 비추어 볼 때, 사업시행자가 같은 항에 따른 매도청구소송도 제기할 수 없게 되는지 여부가 문제됩니다.

먼저 소규모주택정비법 제36조제2항에서는 사업시행자는 같은 조 제1항에 따른 협의가 성립되지 않은 경우에는 그 기간의 만료일 다음 날부터 60일 이내에 수용재결을 신청하거나 같은 법 제35조에 따른 매도청구소송을 제기해야 한다고 규정하여 ① 손실보상 협의가 성립되지 않았을 것 ② 손실보상 협의 기간의 만료일 다음 날부터 60일 이내에 제기할 것을 같은 법 제36조제2항에 따른 매도청구소송 제기의 요건으로 규정하고 있을 뿐, '사업시행자가 같은 법 제35조제5항에 따라 토지등소유자에 대한 매도청구를 하였을 것'을 그 요건으로 규정하고 있지 않고, '사업시행자가 같은 항에 따른 매도청구를 하지 않은 것'을 매도청구소송의 제한사유로 규정하고 있지도 않습니다.

또한 소규모주택정비법 제35조제5항에 따른 매도청구는 ① 원활한 사업 추진을 위한 토지등소유권의 조기 확보를 목적으로 ② 사업미동의자등의 사업 추진에 대한 미동의 의사가 확인된 후 곧바로 ③ 사업미동의자등을 대상으로 권리의 매도를 청구할 수 있도록 한 것[1]인 반면, 같은 법 제36조제2항에 따른 매도청구소송은 ① 분양 미신청 등으로 분양청구권 행사가 불가능한 조합원과 조합의 법률관계를 조속히 종료시키려는 취지[2]에서 ② 사업시행계획의 인가·고시 이후 ③ 조합원 즉, 사업에 참여하는 자 중에서 분양신청을 하지 아니하는 등의 사유로 조합탈퇴자에 준하는 신분을 갖게 된 자[3]를 대상으로 제기하도

1) 헌법재판소 2022. 5. 26. 선고 2020헌바544 결정례 참조

2) 대법원 2010. 8. 19. 선고 2009다81203 판결례 및 법제처 2016. 3. 7. 회신 15-0669 해석례 참조

3) 대법원 2010. 12. 23. 선고 2010다73215 판결례 참조

록 한 것이라는 점을 종합해 볼 때, 같은 법 제35조제5항에 따른 매도청구와 같은 법 제36조제2항에 따른 매도청구소송은 그 목적과 시기, 대상이 다른 별개의 제도인 점에 비추어 보더라도, 사업시행자가 같은 법 제35조제5항에 따른 매도청구권을 행사했을 것이 같은 법 제36조제2항에 따른 매도청구소송 제기의 전제가 된다고 볼 수 없습니다.

그리고 제35조제5항에 따른 매도청구권은 형성권으로서 같은 항에 따라 매도청구를 하면 그 대상 토지등소유권에 관한 매매계약이 성립이 강제되는 법률효과가 발생하는데, 사업시행자가 같은 항에 따라 매도청구를 한 경우에만 같은 법 제36조제2항에 따른 매도청구소송 제기가 가능하다고 본다면, 같은 항을 이미 매매계약 성립이 강제된 토지등소유권에 대해서 다시 그 토지등소유권의 이전을 목적으로 하는 매도청구소송을 제기해야 한다는 의미, 즉 매도청구소송 자체가 이미 실질적인 실익이 없는 상태임에도 실익이 없는 소송을 의무적으로 제기하도록 규정한 것으로 해석하게 되므로 타당하다고 볼 수 없습니다.

아울러 소규모주택정비법 제35조 및 제36조는 구 도시정비법 제39조 및 제47조에서 각각 규정하고 있던 내용을 2017년 2월 8일 법률 제14569호로 제정된 소규모주택정비법에서 소규모주택정비 관련 내용을 분리하여 승계·규정한 것인데, 구 도시정비법에 제19조제1항에서는 가로주택정비사업의 경우에도 주택재건축사업과 동일하게 사업에 동의한 토지등소유자만 조합원이 되도록 규정하여 같은 법 제39조에 따른 매도청구의 대상은 조합원이 아닌 자로, 같은 법 제47조에 따른 매도청구소송의 상대방은 조합원 중 현금청산대상자로 각각의 매도청구 대상이 명확하게 구분되어 있었으나, 소규모주택정비법에서 가로주택정비사업의 경우 사업 동의 여부와 무관하게 토지등소유자가 조합원이 되도록 종전의 임의가입제를 강제가입제로 변경하였음에도 불구하고, 구 도시정비법에서 규정하고 있던 매도청구 및 매도청구소송에 관한 사항에 반영하지 못하여 소규모주택정비법 제35조제5항에 따른 매도청구의 상대방이면서 같은 법 제36조제2항에 따른 매도청구소송의 상대방의 지위를 중첩하여 갖게 될 여지가 발생한 것이라는 점도 이 사안을 해석할 때 고려할 필요가 있습니다.

따라서 가로주택정비사업의 경우, 소규모주택정비법 제35조제5항에 따른 사업시행자의 매도청구가 있었는지와 관계없이 같은 법 제36조제2항에 따른 사업시행자의 매도청구소송 제기가 가능합니다. 끝.

질의요지

「빈집 및 소규모주택 정비에 관한 특례법」(이하 "소규모주택정비법"이라 함) 제48조제5항에서는 시장·군수등[1] 또는 토지주택공사등[2]은 관리지역[3]에서 거점사업[4]을 시행하는 경우 대통령령으로 정하는 바에 따라 서로 연접한 사업시행구역을 하나의 사업시행구역으로 통합하여 시행할 수 있다고 규정하고 있고, 그 위임에 따라 마련된 같은 법 시행령 제40조의2제1항에서는 같은 법 제48조제5항에 따라 관리지역에서 서로 연접한 사업시행구역을 하나의 사업시행구역으로 통합하여 가로주택정비사업[5]을 실시할 수 있다고 규정하고 있는 한편,

소규모주택정비법 제2조제1항제3호 각 목 외의 부분의 위임에 따라 가로주택정비사업의 사업시행구역 면적기준을 규정하고 있는 같은 법 시행령 제3조제1항제2호가목 단서에서는 관리지역에서 시행하는 가로주택정비사업의 사업시행구역 면적기준을 2만㎡ 미만으로 규정하고 있는바,

관리지역에서 서로 연접한 거점사업의 사업시행구역을 하나의 사업시행구역으로 통합하여 가로주택정비사업을 시행하려는 경우, 그 통합된 가로주택정비사업(이하 "통합 가로주택정비사업"이라 함)의 사업시행구역 면적도 소규모주택정비법 시행령 제3조제1항제2호가목 단서에 따라 2만㎡ 미만으로 제한되는지?

회신내용

이 사안의 경우, 통합 가로주택정비사업의 사업시행구역 면적도 소규모주택정비법 시행령 제3조제1항제2호가목 단서에 따라 2만㎡ 미만으로 제한됩니다.

소규모주택정비법 제48조제5항에서는 관리지역에서 거점사업을 시행하는 경우 서로 연접한 사업시행구역을 '하나의 사업시행구역'으로 통합하여 시행할 수 있다고 규정하고 있고, 그 위임에 따라 마련된 같은 법 시행령 제40조의2제1항에서는 관리지역에서의 거점사업 사업시행구역을 하나의 사업시행구역으로 통합하여 "가로주택정비사업"을 실시할 수 있다고 규정하고 있는바, 이를 종합하면 같은 법 제48조제5항에 따른 거점사업의 통합 시행은 기존의 개별 사업시행구역 자체를 '하나의 사업시행구역'으로 통합하여 통합된 구역에서 하나의 '가로주택정비사업'을 실시하는 것이어서, 통합 가로주택정비사업의 사업

1) 특별자치시장·특별자치도지사·시장·군수 또는 자치구의 구청장을 말하며(소규모주택정비법 제2조제1항제1호 참조), 이하 같음.

2) 「한국토지주택공사법」에 따라 설립된 한국토지주택공사 또는 「지방공기업법」에 따라 주택사업을 시행하기 위하여 설립된 지방공사를 말하며(소규모주택정비법 제10조제1항제1호 참조), 이하 같음.

3) 소규모주택정비법 제2조제1항제9호에 따른 소규모주택정비 관리지역을 말하며, 이하 같음.

4) 시장·군수등 또는 토지주택공사등이 소규모주택정비법 제17조제3항 또는 제18조제1항에 따라 공동 또는 단독으로 시행하는 소규모주택정비사업을 말하며(같은 법 제43조의3제3호 참조), 이하 같음.

5) 소규모주택정비법 제2조제1항제3호나목에 따른 가로주택정비사업을 말하며, 이하 같음.

시행구역 역시 하나로 통합된 사업시행구역이라 할 것이므로, 통합 가로주택정비사업의 사업시행구역 면적기준에 대한 별도의 규정이 존재하는 등의 특별한 사정이 없는 이상, 통합 가로주택정비사업의 사업시행구역 면적기준에 대해서도 같은 법 시행령 제3조제1항제2호가목 단서에 따른 면적기준이 적용된다고 보아야 합니다.

그리고 소규모주택정비법은 '소규모주택'의 정비를 활성화하기 위해 필요한 사항 및 특례를 규정하기 위한 목적의 법률(제1조)로서, 구 「도시 및 주거환경정비법」(2017년 2월 8일 법률 제14567호로 전부개정되기 전의 것을 말하며, 이하 "구 도시정비법"이라 함)에서 규정하고 있던 정비사업 중 부지면적이 1만㎡ 미만인 지역에서 시행되는 주택재건축사업 등을 2017년 2월 8일 법률 제14569호로 제정된 구 소규모주택정비법으로 이관한 입법연혁[1], 소규모주택정비법 제2조제3호 및 같은 법 시행령 제3조에서 사업시행구역 면적기준을 충족하는 지역 등에 한정하여 소규모주택정비법에 따른 정비사업을 시행할 수 있도록 규정하고 있는 규정체계 등을 종합해 볼 때, 「도시 및 주거환경정비법」(이하 "도시정비법"이라 함)과 소규모주택정비법의 적용대상은 정비사업의 사업시행구역 면적 등을 기준으로 구분된다고 할 것[2]인바, 통합 가로주택정비사업도 소규모주택정비법에 따른 소규모주택정비사업의 일종이라는 점에서 같은 법 시행령 제3조제1항에 따른 기준을 충족해야 한다고 보는 것이 소규모주택정비법의 입법취지 및 도시정비법과의 관계를 고려한 타당한 해석입니다.

또한 대규모정비사업 위주로 규정하고 소규모정비사업에 대한 지원 규정이 미흡했던 구 도시정비법의 문제점을 보완하고 소규모정비사업을 활성화하려는 취지에서 소규모주택정비법에서는 사업시행계획과 관리처분계획을 통합하여 사업시행 절차를 간소화(제29조 및 제34조)하고, 건축규제를 완화(제48조)하는 등 여러 특례 규정을 두고 있는데,[3] 통합 가로주택정비사업의 사업시행구역 면적이 같은 법 시행령 제3조제1항제2호가목 단서에 따른 면적기준을 충족하지 않아도 된다고 해석하면, 통합할 수 있는 사업시행구역의 수를 제한하고 있지 않은 통합 가로주택정비사업의 경우 관리지역의 면적 상한인 10만㎡[4]까지 그 사업시행구역 면적으로 할 수 있게 되어 통합을 하지 않는 경우의 사업시행구역 면적 최대한도인 2만㎡의 다섯 배에 이르는 대규모의 정비사업까지도 소규모주택정비법이 적용된다는 결론에 이르게 되는바, 이는 소규모주택정비법에 따른 소규모정비사업의 활성화를 위하여 특례 규정을 마련한 같은 법의 입법취지에 부합하기 어렵습니다.

아울러 도시정비법에 따른 정비사업의 적용대상이 되는 하나의 지역을 소규모주택정비사업 면적기준을 충족하는 수개의 사업시행구역으로 자의적으로 분할한 후, 추후 하나의 가로주택정비사업으로 통합하여 사업을 시행하는 등의 방법으로 도시정비법에 따른 규율을 회피하고, 소규모주택정비법에 따른 비용

1) 2016. 8. 11. 의안번호 제2001546호로 발의된 빈집 및 소규모 주택정비 특례법안에 대한 국회 국토교통위원회 심사보고서 참조
2) 법제처 2022. 11. 25. 회신 22-0350 해석례 참조
3) 2017. 2. 8. 법률 제14569호로 제정된 소규모주택정비법 제정이유 및 주요내용 참조
4) 소규모주택정비법 제43조의2제1항 전단 및 같은 법 시행령 제38조의2제1호 참조

지원 및 건축 특례[1] 등을 부당하게 적용받는 폐해를 방지할 필요가 있다는 점도 이 사안을 해석할 때 고려할 필요가 있습니다.

따라서 이 사안의 경우, 통합 가로주택정비사업의 사업시행구역 면적도 소규모주택정비법 시행령 제3조제1항제2호가목 단서에 따라 2만㎡ 미만으로 제한됩니다. 끝.

법제처-23-0473호(2023.07.25.)

질의요지

「빈집 및 소규모주택 정비에 관한 특례법」(이하 "소규모주택정비법"이라 함) 제56조제1항에서는 조합(소규모주택정비법 제23조에 따른 조합을 말하며, 이하 "소규모주택정비조합"이라 함)의 법인격·정관·임원 등에 관하여는 「도시 및 주거환경정비법」(이하 "도시정비법"이라 함) 제38조 및 제40조부터 제46조까지를 준용한다고 규정하고 있고, 도시정비법 제43조제1항제5호에서는 조합임원(같은 법 제41조에 따른 조합의 임원을 말하며, 이하 "도시정비조합임원"이라 함) 또는 전문조합관리인이 될 수 없는 자의 하나로 "이 법을 위반하여 벌금 100만원 이상의 형을 선고받고 10년이 지나지 아니한 자"를 규정하고 있는바,

소규모주택정비법 제56조제1항에 따라 소규모주택정비조합 임원의 결격사유에 관하여 도시정비법 제43조제1항제5호를 준용하는 경우에 있어서 "이 법"은 소규모주택정비법만을 의미하는지, 아니면 소규모주택정비법과 도시정비법을 모두 의미하는지?[2]

회신내용

소규모주택정비법 제56조제1항에 따라 소규모주택정비조합 임원의 결격사유에 관하여 도시정비법 제43조제1항제5호를 준용하는 경우에 있어서 "이 법"은 소규모주택정비법 만을 의미합니다.

"준용"이란 어떤 사항을 규율하기 위하여 만들어진 법규를 그것과 유사하나 성질이 다른 사항에 대하여 필요한 약간의 수정을 가하여 적용하는 것을 의미하므로[3], 소규모주택정비법 제56조제1항 전단에서 소규모주택정비조합의 법인격·정관·임원 등에 관하여 도시정비법 제35조에 따른 조합(이하 "도시정비조합"이라 함)의 법인격·정관·임원 등에 관한 규정[4]을 준용하도록 한 것은 소규모주택정비조합과 유사한 도시정비조합에 관한 도시정비법의 규정을 소규모주택정비조합의 성질에 맞게 필요한 수정을 하여 적

1) 소규모주택정비법 제44조, 제48조, 제49조, 제49조의2 등 참조
2) 소규모주택정비법 시행(2018. 2. 9.) 이후 도시정비법을 위반한 경우를 전제함.
3) 법제처 2019. 10. 25 회신 19-0335 해석례 참조
4) 도시정비법 제38조 및 제40조부터 제46조까지를 말함.

용하도록 한 것으로서, 도시정비법 제43조제1항제5호에서 도시정비조합임원의 결격사유 중 하나로 규정하고 있는 '이 법을 위반하여 벌금 100만원 이상의 형을 선고받고 10년이 지나지 아니한 자'에서의 "이 법"은 도시정비조합임원에 대해서는 "도시정비법"을 지칭하는 것이지만, 해당 규정이 소규모주택정비조합의 임원에 관해 준용될 때의 "이 법"은 소규모주택정비조합에 관하여 규율하는 "소규모주택정비법"을 지칭하는 것으로 해석해야 할 것입니다.

그리고 소규모주택정비법은 구 도시정비법[1]에서 규정하고 있던 정비사업 중 가로주택정비사업 등 '소규모'의 정비사업에 관한 사항을 이관받아 사업절차를 간소화하고 특례규정을 신설하는 등 소규모주택 정비를 활성화하기 위해 제정된 법률[2]인 반면, 도시정비법은 주거환경의 정비 등을 위해 '소규모' 정비사업 외의 정비사업에 관해 필요한 사항을 규정하기 위한 법률로서 그 입법목적과 규율대상을 달리하는 점, 소규모주택정비법에 따른 소규모주택정비사업과 도시정비법에 따른 정비사업은 사업의 목적, 내용 및 절차 등이 다른 별개의 사업[3]으로 각 사업의 추진을 위해 설립되는 조합 또한 그 성격을 달리하는 것으로 보아야 할 것이라는 점을 고려할 때, 소규모주택정비법 제56조제1항 전단에서 소규모주택정비조합 임원의 결격사유에 관해 도시정비법 제43조제1항제5호를 준용하는 것은 소규모주택정비법을 위반하여 벌금 100만원 이상의 형을 선고받고 10년이 지나지 아니한 경우를 결격사유로 하려는 취지이지, 소규모주택정비사업이 아닌 정비사업에 관해 규율하고 있는 도시정비법을 위반한 경우까지도 소규모주택정비조합 임원의 결격사유로 하려는 취지라고는 볼 수 없는바, 준용되는 "이 법"을 확대해석하여 도시정비법을 위반하여 벌금 100만원 이상의 형을 선고받은 경우까지를 소규모주택조합 임원의 결격사유로 볼 수는 없다고 할 것입니다.

아울러 결격사유는 특정 법률관계의 당사자가 될 수 없거나 자격을 취득할 수 없는 사유로서 사회생활의 안전과 건전한 경제질서 유지라는 공익상 이유로 인정되는 것이지만, 결격사유에 해당하는 사람은 특정 분야의 직업이나 사업을 영위할 수 없게 되어 헌법상 보장되는 기본권인 직업선택의 자유나 경제활동의 자유 등 사회생활을 하는 데에 제한을 받게 되므로[4] 결격사유 규정은 문언에 따라 엄격하게 해석해야 하고 합리적 이유 없이 확장해석해서는 안 된다는 점[5]도 이 사안을 해석할 때 고려해야 합니다.

따라서 소규모주택정비법 제56조제1항에 따라 소규모주택정비조합 임원의 결격사유에 관하여 도시정비법 제43조제1항제5호를 준용하는 경우에 있어서 "이 법"은 소규모주택정비법 만을 의미합니다. 끝.

1) 2017. 2. 8. 법률 제14567호로 전부개정되어 2018. 2. 9. 시행되기 전의 것을 말함.
2) 2017. 2. 8. 법률 제14569호로 제정되어 2018. 2. 9. 시행된 것을 말함.
3) 법제처 2021. 5. 12. 회신 21-0073 해석례 참조
4) 법제처 2013. 9. 17. 회신 13-0411 해석례 참조
5) 법제처 2021. 7. 20. 회신 21-0420 해석례 참조

질의요지

「빈집 및 소규모주택 정비에 관한 특례법」(이하 "소규모주택정비법"이라 함) 제2조제6호 본문 및 같은 호 가목에서는 가로주택정비사업의 토지등소유자는 사업시행구역[1]에 위치한 토지 또는 건축물의 소유자, 해당 토지의 지상권자를 말한다고 규정하고 있고, 같은 법 제23조제1항에 따르면 가로주택정비사업의 토지등소유자는 조합을 설립하는 경우 토지등소유자의 10분의 8 이상 및 토지면적의 3분의 2 이상의 토지소유자 동의를 받아야 하는바,

소규모주택정비법 제23조에 따라 조합을 설립하여 가로주택정비사업을 시행하려는 경우로서 사업시행구역에 위치한 토지 또는 건축물을 「자본시장과 금융투자업에 관한 법률」 제8조제7항에 따른 신탁업자(이하 "신탁업자"라 함)에게 신탁한 자가 있는 경우 그 '위탁자[2]'가 소규모주택정비법 제23조제1항에 따라 가로주택정비사업 조합설립 시 동의를 받아야 하는 대상인 토지등소유자에 해당하는지, 아니면 '신탁업자'가 토지등소유자에 해당하는지?

회신내용

이 사안의 경우, 사업시행구역에 위치한 토지 또는 건축물을 신탁업자에게 신탁한 '위탁자'가 소규모주택정비법 제23조제1항에 따라 가로주택정비사업 조합설립 시 동의를 받아야 하는 대상인 '토지등소유자'에 해당합니다.

소규모주택정비법 제2조제6호 본문 및 같은 호 가목에서는 가로주택정비사업의 토지등소유자를 사업시행구역에 위치한 토지 또는 건축물의 소유자, 해당 토지의 지상권자를 말한다고 하면서, 같은 호 각 목 외의 부분 단서에서는 신탁업자가 사업시행자로 지정된 경우 토지등소유자가 소규모주택정비사업을 목적으로 신탁업자에게 신탁한 토지 또는 건축물에 대하여는 '위탁자'를 토지등소유자로 본다고 규정하고 있으나, 사업시행자가 신탁업자가 아닌 경우에도 사업시행구역에 위치한 토지 또는 건축물을 신탁업자에게 신탁한 위탁자를 토지등소유자로 보아야 하는지에 대해서는 별도로 규정하고 있지 않습니다.

그런데 신탁에 관한 사법(私法)적 법률관계를 규정하고 있는 「신탁법」에 따르면 신탁재산은 대내외적으로 소유권이 수탁자에게 완전히 귀속되고, 위탁자와의 내부관계에서 그 소유권이 위탁자에게 유보되어 있는 것은 아니라고 할 것이나[3], 수탁자는 누구의 명의(名義)로도 신탁재산을 고유재산으로 하거나 신탁재산에 관한 권리를 고유재산에 귀속시키지 못하고(제34조제1항제1호), 신탁재산을 수탁자의 고유재산

1) 빈집정비사업 또는 소규모주택정비사업을 시행하는 구역을 말하며(소규모주택정비법 제2조제4호 참조), 이하 같음.
2) 신탁계약상 위탁자와 수익자가 동일한 경우를 전제하며, 이하 같음.
3) 대법원 2013. 1. 24. 선고 2010두27998 판결례 참조

과 구별하여 관리하고 신탁재산임을 표시(제37조제1항)하도록 하는 등 신탁재산의 권리·의무 관계에 관하여 수탁자의 고유재산과 구분하고 있어, 비록 신탁재산이 수탁자의 소유라 하더라도 그에 관한 권리관계를 수탁자의 고유재산과 마찬가지로 취급할 수는 없다고 할 것이고,[1] 소규모주택정비법은 소규모주택 정비를 활성화하기 위해 필요한 사항 및 특례를 규정함으로써 주거생활의 질을 높이는 데 이바지함을 목적(제1조)으로 하는 법률로서, 소규모주택의 정비를 목적으로 하는 정비사업의 추진 근거, 내용, 절차 등에 관한 사항을 규율하고 있는바, 그 정비사업과 관련한 '토지등소유자' 해당 여부 등 권리·의무 관계에 대하여 「신탁법」 등 일반적 사법에 따른 소유관계가 그대로 적용된다고 보아야 하는 것은 아닙니다[2].

그리고 소규모주택정비법 제17조제3항에 따르면, 가로주택정비사업은 토지등소유자 또는 토지등소유자로 구성된 조합이 직접 시행하거나 토지등소유자 또는 조합이 같은 조 제1항 각 호의 어느 하나에 해당하는 자[3]와 공동으로 시행하는 방법으로 추진되는 것으로, 주민합의체를 구성(제22조)하거나 조합설립인가를 신청(제23조)하는 경우 및 사업시행계획인가를 신청(제29조)하는 경우 등 사업 추진 과정에서 일정 비율 이상 토지등소유자의 동의를 받도록 규정하고 있는바, 이는 '직접적인 이해관계'가 있는 자가 가로주택정비사업을 추진하도록 하고, 이해관계인의 의견을 사업에 반영하려는 취지[4]라고 할 것인바, 토지등소유자가 토지 또는 건축물을 신탁업자에게 신탁한 경우에도 가로주택정비사업의 조합설립 시 동의를 받아야 하는 대상인 토지등소유자는 신탁한 토지 또는 건축물과 관련하여 가로주택정비사업 추진에 따른 이익과 비용이 최종적으로 귀속되는 '위탁자'라고 보는 것이 소규모주택정비법의 입법취지 및 규정체계에 부합하는 해석[5]이라고 할 것입니다.

아울러 소규모주택정비법 제25조제4항의 위임에 따라 토지등소유자의 동의자 수 산정 방법 및 절차에 관하여 정하고 있는 같은 법 시행령 제23조에 따라 준용되는 「도시 및 주거환경정비법 시행령」 제33조제1항제1호다목 본문에서는 1인이 다수 필지의 토지 또는 다수의 건축물을 소유하고 있는 경우[6]에는 필지나 건축물의 수에 관계없이 토지등소유자를 1인으로 산정한다고 규정하고 있는바, 만약 사업시행구역에 위치한 토지 또는 건축물을 신탁업자에게 신탁한 경우 그 "신탁업자"를 조합설립 시 동의를 받아야 하는 대상인 '토지등소유자' 본다면, 다수의 토지등소유자가 토지 또는 건축물을 동일한 신탁업자에게 신탁하는 경우에는 그 수탁자인 신탁업자를 토지등소유자 1인으로 산정해야 하므로 동일한 신탁업자에게 부동산을 신탁한 다수의 토지등소유자가 조합설립에 관한 동의 의사를 달리하는 경우, 1개의 동의권만을 행사해야 하는 신탁업자로서는 결국 어느 일방의 토지등소유자의 의사에 반하는 동의권을 행사할 수 밖에 없게 되는 불합리한 결과가 초래될 수 있다는 점도 이 사안을 해석할 때 고려해야 합니다[7].

---

1) 대법원 2015. 6. 11. 선고 2013두15262 판결례 및 법제처 2020. 5. 4. 회신 20-0008 해석례 등 참조
2) 대법원 2015. 6. 11. 선고 2013두15262 판결례 참조
3) 시장·군수등(제1호), 토지주택공사등(제2호), 건설업자(제3호), 등록사업자(제4호), 신탁업자(제5호), 부동산투자회사(제6호)
4) 대법원 2015. 6. 23. 선고 2014두6784 판결례 참조
5) 대법원 2015. 6. 11. 선고 2013두15262 판결례 참조
6) 도시정비법 시행령 제33조제1항제1호다목 단서에 해당하지 않는 경우를 전제함.
7) 서울행정법원 2012. 5. 18. 선고 2011구합37718 판결례 참조

따라서 이 사안의 경우, 사업시행구역에 위치한 토지 또는 건축물을 신탁업자에게 신탁한 '위탁자'가 소규모주택정비법 제23조제1항에 따라 가로주택정비사업 조합설립 시 동의를 받아야 하는 대상인 '토지등 소유자'에 해당합니다. 끝.

법제처-23-0603호(2023.09.22.)

➔ 질의요지

「빈집 및 소규모주택 정비에 관한 특례법」(이하 "소규모주택정비법"이라 함) 제27조제1항 각 호 외의 부분에서는 시장·군수등[1]은 소규모주택정비사업과 관련된 같은 항 각 호[2] 중 둘 이상의 심의가 필요한 경우 이를 통합하여 심의(이하 "통합심의"라 함)하도록 하되(본문), 같은 항 제2호에 따른 도시·군관리계획 중 용도지역·용도지구를 지정 또는 변경하는 경우 또는 같은 법 제49조제1항·제7항 및 제49조의2에 따라 법적상한용적률까지 건축하는 경우에는 '시·도지사[3]'에게 통합심의를 요청해야 한다고 규정(단서)하고 있는 한편,

소규모주택정비법 제49조제1항에서는 소규모주택정비사업의 시행으로 임대주택을 건설하는 경우 「국토의 계획 및 이용에 관한 법률」(이하 "국토계획법"이라 함) 제78조에 따라 시·도조례로 정한 용적률[4]에도 불구하고 ① 공공임대주택[5] 또는 공공지원민간임대주택을 임대주택비율[6]이 20% 이상의 범위에서 시·도조례로 정하는 비율 이상이 되도록 건설하는 경우에는 국토계획법 제78조 및 관계 법령에 따른 용적률의 상한(이하 "법적상한용적률"이라 함)까지(제1호), ② 공공임대주택을 임대주택 비율이 10% 이상 20% 미만이 되도록 건설하는 경우에는 임대주택 비율에 비례하여 시·도조례로 정하는 방법에 따라 산정된 용적률의 상한까지(제2호) 각각 건축할 수 있도록 규정하고 있는바,

소규모주택정비법 제49조제1항제2호에 따라 '임대주택 비율에 비례하여 시·도조례로 정하는 방법에 따라 산정된 용적률의 상한까지 건축하는 경우'에도 같은 법 제27조제1항 각 호 외의 부분 단서에 따라 시·도지사에게 통합심의를 요청해야 하는지?

---

1) 특별자치시장·특별자치도지사·시장·군수 또는 자치구의 구청장을 말하며, 이하 같음.

2) 「건축법」에 따른 건축심의(소규모주택정비법 제26조 및 제48조제1항에 따른 심의를 포함함)(제1호), 「국토의 계획 및 이용에 관한 법률」에 따른 도시·군관리계획 및 개발행위 관련 사항(제2호), 그 밖에 시장·군수등이 필요하다고 인정하여 통합심의에 부치는 사항(제3호)

3) 특별시장·광역시장·특별자치시장·도지사·특별자치도지사를 말하며, 이하 같음.

4) 「건축법」 제56조에 따른 대지면적에 대한 연면적(대지에 건축물이 둘 이상 있는 경우에는 이들 연면적의 합계로 함)을 말하며, 이하 같음.

5) 「공공주택 특별법」 제2조제1호가목에 따른 공공임대주택을 말하며, 이하 같음.

6) 건축물의 전체 연면적 대비 임대주택 연면적의 비율 또는 전체 세대수 대비 임대주택 세대수의 비율을 말하며, 이하 같음.

➲ 회신내용

소규모주택정비법 제49조제1항제2호에 따라 '임대주택 비율에 비례하여 시·도조례로 정하는 방법에 따라 산정된 용적률의 상한까지 건축하는 경우'는 같은 법 제27조제1항 각 호 외의 부분 단서에 따라 시·도지사에게 통합심의를 요청해야 하는 경우에 해당하지 않습니다.

먼저 소규모주택정비법 제27조제1항 각 호 외의 부분 본문에서는 시장·군수등은 소규모주택정비사업과 관련된 같은 항 각 호 중 둘 이상의 심의가 필요한 경우 통합심의를 하도록 하면서, 같은 항 각 호 외의 부분 단서에서는 같은 항 제2호에 따른 도시·군관리계획 중 용도지역·용도지구를 지정 또는 변경하는 경우 또는 '같은 법 제49조제1항·제7항 및 제49조의2에 따라 법적상한용적률까지 건축'하거나 같은 법 제49조제8항에 따라 법적상한용적률을 초과하여 건축하는 경우에는 시·도지사에게 통합심의를 요청해야 한다고 규정하고 있는데, 같은 조 제1항제1호에서 '국토계획법 제78조 및 관계 법령에 따른 용적률의 상한'을 "법적상한용적률"이라는 용어로 약칭하고 있는바, 소규모주택정비사업에 적용되는 용적률이 완화되는 경우로서 소규모주택정비법 제49조제1항제1호와 같이 '국토계획법 제78조 및 관계 법령에 따른 용적률의 상한', 즉 법적상한용적률까지 건축하는 경우에는 소규모주택정비법 제27조제1항 각 호 외의 부분 단서에 따라 시·도지사에게 통합심의를 요청해야 하는 경우에 해당한다고 할 것이나, 같은 법 제49조제1항제2호와 같이 '임대주택 비율에 비례하여 시·도조례로 정하는 방법에 따라 산정된 용적률의 상한까지 건축하는 경우'에는 '법적상한용적률'까지 건축하는 경우에 해당하지 않는다는 점은 그 문언상 분명합니다.

그리고 소규모주택정비법 제49조제7항에서는 같은 조 제1항에도 불구하고 소규모재건축사업을 시행하는 사업시행자는 국토계획법 제78조에 따라 시·도조례로 정한 용적률에도 불구하고 소규모주택정비법 제27조에 따른 통합심의를 거쳐 '법적상한용적률'까지 건축할 수 있다고 규정하면서(전단), 이 경우 사업시행자가 공급해야 하는 국민주택규모 주택의 면적을 '법적상한용적률에서 시·도조례로 정한 용적률을 뺀 용적률의 100분의 20 이상 100분의 50이하로서 시·도조례로 정하는 비율에 해당하는 면적'으로 규정(후단)하고 있다는 점에 비추어 보면, 같은 법 제49조에서는 '법적상한용적률'과 시·도조례로 정한 용적률 등 시·도조례로 규정하는 용적률을 명확히 구분하여 규정하고 있다고 할 것인바, 같은 법 제49조제1항제2호에 따른 '임대주택 비율에 비례하여 시·도조례로 정하는 방법에 따라 산정된 용적률의 상한'은 같은 법 제27조제1항 각 호 외의 부분 단서에 따른 '법적상한용적률'에 해당하지 않는다고 보아야 합니다.

아울러 소규모주택정비법 제27조제1항 각 호 외의 부분 단서는 국토계획법령에 따른 용적률에도 불구하고 소규모주택정비사업의 용적률이 시·도조례로 정하는 범위를 벗어나 법적상한용적률까지 또는 법적상한용적률을 초과하여 결정되는 경우에는 공공기반시설 부족 및 무분별한 개발이 초래될 수 있는 점을 고려하여, 소규모주택정비사업에 적용되는 용적률이 법적상한용적률까지 완화되는 경우 등에는 시장·군수등이 아닌 시·도지사에게 통합심의를 요청하도록 한 것[1]이므로, 소규모주택정비법 제49조제1항제2호에 따라 '임대주택 비율에 비례하여 시·도조례로 정하는 방법에 따라 산정된 용적률의 상한'까지 용적률을 완화하는 경우 시·도지사가 통합심의권자가 된다고 보게되면 같은 법 제27조제1항 각 호 외의 부분 단서의 입법취지에서 벗어나 시장·군수등의 통합심의 권한을 과도하게 축소하는 결과를 초래할 수 있다는 점도 이 사안을 해석할 때 함께 고려할 필요가 있습니다.

따라서 소규모주택정비법 제49조제1항제2호에 따라 '임대주택 비율에 비례하여 시·도조례로 정하는 방법에 따라 산정된 용적률의 상한까지 건축하는 경우'는 같은 법 제27조제1항 각 호 외의 부분 단서에 따라 시·도지사에게 통합심의를 요청해야 하는 경우에 해당하지 않습니다. 끝.

법제처-23-0769호(2023.11.03.)

➋ 질의요지

「빈집 및 소규모주택 정비에 관한 특별법」(이하 "소규모주택정비법"이라 함) 제23조제1항 각 호 외의 부분 전단에서는 가로주택정비사업의 토지등소유자[2]는 조합을 설립하는 경우 토지등소유자의 10분의 8 이상 및 토지면적의 3분의 2 이상의 토지소유자 동의를 받은 후 조합설립을 위한 창립총회를 개최하고 공사비 등 소규모주택정비사업에 드는 비용 등이 기재된 토지등소유자의 조합설립 동의서(같은 항 제2호 및 같은 법 시행규칙 제9조제2항제2호) 등 같은 항 각 호의 사항을 첨부하여 시장·군수등[3]의 인가를 받아야 한다고 규정하고 있는 한편,

소규모주택정비법 제23조제5항 본문에서는 같은 조 제1항에 따라 설립된 조합은 인가받은 사항을 변경하는 경우 조합 총회에서 조합원의 3분의 2 이상의 찬성으로 의결한 후 같은 항 각 호의 사항을 첨부하여 시장·군수등의 인가를 받아야 한다고 규정하고 있는바,

소규모주택정비법 제23조제1항에 따라 설립된 가로주택정비사업 조합이 사업시행구역의 면적을 증가시키는 내용으로 같은 조 제5항 본문에 따른 변경인가(이하 "조합설립변경인가"라 함)를 받으려는 경우[4],

(질의1) 소규모주택정비법 제23조제1항에 따른 토지등소유자의 동의율[5] 요건 충족 여부의 판단은 전체 사업시행구역[6]을 기준으로 해야 하는지, 아니면 증가되는 부분의 사업시행구역을 기준으로 해야 하는지?

(질의2) 기존 토지등소유자[5]에 대하여 다시 소규모주택정비법 제23조제1항제2호 및 같은 법 시행규칙 제9조제2항제2호에 따른 조합설립 동의서(이하 "조합설립동의서"라 함)를 받아야 하는지?

---

1) 2016. 8. 11. 의안번호 제2001546호로 발의된 소규모주택정비법 일부개정법률안에 대한 국회 국토교통위원회 검토보고서 참조

2) 소규모주택정비법 제2조제1항제6호가목에 따른 토지등소유자를 말하며, 이하 같음.

3) 특별자치시장·특별자치도지사·시장·군수 또는 자치구의 구청장을 말하며, 이하 같음.

4) 변경사항이 소규모주택정비법 제23조제5항 단서에 따른 '경미한 사항'에 해당하지 않는 경우를 전제함.

5) 토지등소유자의 10분의 8 이상 및 토지면적의 3분의 2 이상의 토지소유자의 동의를 말하며, 이하 같음.

6) 소규모주택정비법 제23조제1항에 따라 조합설립인가된 기존의 사업시행구역과 같은 조 제5항에 따른 변경인가로 증가되는 부분의 사업시행구역을 합한 사업시행구역을 말하며, 이하 같음.

회신내용

(질의1) 이 사안의 경우, 소규모주택정비법 제23조제1항에 따른 토지등소유자의 동의율 충족 여부는 전체 사업시행구역을 기준으로 판단해야 합니다.

소규모주택정비법 제23조제1항에서는 가로주택정비사업의 토지등소유자는 조합을 설립하는 경우 일정 비율 이상 토지등소유자의 동의를 받도록 규정하고 있는 한편, 같은 조 제5항 본문에서는 같은 조 제1항에 따라 설립된 조합이 인가받은 사항을 변경하는 경우 '조합 총회에서의 조합원의 3분의 2 이상의 찬성 의결'을 그 요건으로 규정하고 있을 뿐, 같은 조 제1항에 따른 토지등소유자의 조합설립 동의율을 충족해야 하는지에 대해서는 명확하게 규정하고 있지 않으나, 같은 조 제1항제2호의 위임에 따라 조합설립인가 및 조합설립변경인가의 신청서 서식을 규정하고 있는 같은 법 시행규칙 제9조 및 별지 제11호서식에 따르면, 조합설립변경인가를 받으려는 경우에도 그 신청서에 '토지등소유자 수 및 동의율'을 기재해야 한다는 점이 명확하고, 이 사안의 경우와 같이 사업시행구역의 면적이 증가되어 기존 사업시행구역의 토지등소유자 외에 증가된 부분의 사업시행구역의 새로운 토지등소유자가 추가된 경우 새로운 토지등소유자는 조합설립변경인가 전에는 '조합원'이 아니어서 조합설립변경인가를 받기 위한 요건인 '조합 총회에서의 조합원의 3분의 2 이상의 찬성 의결'에 참여하여 동의 여부에 관한 의사를 반영할 수도 없으므로, 조합설립변경인가 시에도 같은 법 제23조제1항에 따른 토지등소유자의 조합설립 동의율을 충족해야 한다고 보아야 합니다.

그런데 이 사안과 같이 소규모주택정비법 제23조제1항에 따라 설립된 가로주택정비사업 조합이 인가받은 사항 중 사업시행구역 면적을 증가시키려는 경우에는 일반적으로 해당 사업시행구역에 위치한 토지등소유자의 수도 증가하게 될 것인데, 이 경우 같은 항에 따른 '토지등소유자의 동의율' 요건 충족 여부를 같은 항에 따라 인가받은 기존의 사업시행구역 면적과 조합설립변경인가로 증가되는 사업시행구역 면적을 합한 사업시행구역 면적을 기준으로 판단해야 하는지, 아니면 인가받은 기존의 사업시행구역 면적에서 증가되는 사업시행구역 면적만을 기준으로 판단해야 하는지에 관해서는 명확히 규정하고 있지 않은바, 이에 관해서는 조합설립변경인가의 성격, 관련 규정의 취지와 체계 등을 종합적으로 고려하여 해석해야 합니다.

먼저 조합설립변경인가는 기존에 소규모주택정비법 제23조제1항에 따라 조합설립인가를 받은 사항의 일부를 변경 또는 취소·철회하거나 새로운 사항을 추가하는 것인데[1], 이 사안과 같이 기존에 조합설립인가를 받아 설립된 가로주택정비사업 조합이 사업시행구역 면적을 증가하는 내용으로 조합설립변경인가를 받으려는 경우, 같은 항에 따라 인가받은 사업시행구역은 조합설립변경인가에 의해서 '증가되는 사업시행구역'으로 변경되는 것이 아니라, 기존의 사업시행구역과 증가되는 사업시행구역을 합한 '전체 사업

1) 대법원 2014. 5. 29. 선고 2011다46128·2013다69057 판결례 참조

시행구역'으로 변경되는 것인바, 조합설립변경인가의 '토지등소유자 수 및 동의율' 충족 여부는 전체 사업시행구역면적을 기준으로 판단해야 합니다.

그리고 소규모주택정비법 시행규칙 제9조 및 별지 제11호서식에서는 토지등소유자의 동의율을 기재하도록 규정하고 있는데, 이는 같은 법 제23조제1항에 따라 조합설립인가를 받은 이후 사업시행구역 면적 변경으로 토지등소유자의 수가 변경되는 경우에는 토지등소유자의 조합설립에 대한 동의율이 변경될 수 있다는 점을 고려하여, 이러한 경우에 기존에 설립인가 받은 조합의 '사업시행자로서의 지위'를 취소하지 않고 전체 사업시행구역에 대해서도 그 지위를 유지[1]할 수 있는지 여부를 판단하기 위한 것으로 보아야 할 것인바, 만약 증가되는 사업시행구역만을 기준으로 같은 항에 따른 조합설립에 관한 토지등소유자의 동의율을 판단하게 되면 기존의 사업시행구역과 증가되는 사업시행구역 각각에 대해서 별개로 조합설립 요건을 적용하게 되어 기존 사업시행자로서의 지위를 조합설립변경인가되는 전체 사업시행구역에 대해서 유지하는 것이 아니라, 하나의 조합이 기존의 사업시행구역과 증가되는 사업시행구역 각각에 대한 사업시행자로서의 지위를 갖게 되는 것으로 해석될 여지가 있어 하나의 사업시행구역에 하나의 조합만을 인가하고 있는 소규모주택정비법령 체계에도 부합하지 않습니다.

아울러 소규모주택정비법 제23조제1항에 따라 설립된 가로주택정비사업 조합이 사업시행구역 면적을 증가하는 내용으로 조합설립변경인가를 받으려는 경우 증가되는 사업시행구역만을 기준으로 같은 항에 따른 토지등소유자의 동의율 충족 여부를 판단해야 한다고 본다면, 최초 조합설립인가 당시부터 하나의 사업시행구역이었는지, 아니면 변경인가를 거쳐 하나의 사업시행구역이 되었는지에 따라 '동일한 위치와 면적의 사업시행구역'에 대한 토지등소유자의 조합설립 동의율 충족 여부가 달라질 수 있고, 나아가 조합설립변경인가의 횟수에 따라서도 '동일한 위치와 면적의 사업시행구역'에 대한 토지등소유자의 조합설립 동의율 충족 여부가 달라질 수 있어 불합리하며, 조합설립 인가 요건의 충족 여부의 판단과 관련하여 집행상 상당한 혼란이 초래될 수 있다는 점도 이 사안을 해석할 때 고려해야 합니다.

따라서 이 사안의 경우, 소규모주택정비법 제23조제1항에 따른 토지등소유자의 동의율 충족 여부는 전체 사업시행구역을 기준으로 판단해야 합니다.

(질의2) 이 사안의 경우, 기존 토지등소유자에 대하여 다시 조합설립동의서를 받지 않아도 됩니다.

소규모주택정비법 제23조제1항 각 호 외의 부분에서는 가로주택정비사업 조합설립인가의 주체를 '토지등소유자'로, 그 인가의 요건을 '토지등소유자의 10분의 8 이상 및 토지면적의 3분의 2 이상의 토지소유자의 동의' 등으로 규정하고 있는 한편, 같은 조 제5항 본문에서는 조합설립변경인가의 주체를 '같은 조 제1항에 따라 설립된 조합'으로, 그 변경인가의 요건을 '조합 총회에서 조합원 3분의 2 이상의 찬성 의결' 등으로 규정하고 있는데, 이는 가로주택정비사업 조합설립인가를 받기 전에는 조합이 존재하지 않으므

1) 대법원 2010. 1. 28. 선고 2009두4845 판결례 참조

로 조합설립에 대한 동의 여부의 확인은 '토지등소유자' 각각을 기준으로 하여야 하나, 가로주택정비사업 조합설립인가를 받은 후에는 '토지등소유자'는 같은 법 제24제1항에 따라 조합원이 되고, 그 의사결정은 조합원들로 구성된 조합의 최고 의사결정기관인 '조합 총회'[1]에서 이루어지게 되므로 변경인가 사항에 대한 동의 여부의 의사를 '조합 총회에서의 조합원 의결'로 확인하도록 한 것이라 할 것입니다.

그렇다면 소규모주택정비법 제23조제5항 본문 및 그 위임에 따라 마련된 같은 법 시행규칙 제9조제2항제2호에서 조합설립변경인가를 받으려는 경우에 조합 총회에서 조합원의 3분의 2 이상의 찬성 의결을 한 후 토지등소유자의 조합설립동의서를 첨부하도록 한 것은 기존 토지등소유자는 조합원으로서 조합 총회에서의 의결로 변경인가사항에 대한 동의 의사를 표시하도록 하는 한편, 사업시행구역의 면적이 증가되는 부분의 사업시행구역 안의 새로운 토지등소유자는 조합설립변경인가 전에는 '조합원'이 아니므로, 새로운 토지등소유자가 기존 조합의 유지 및 조합설립변경인가 사항에 동의하는지 여부를 '조합설립동의서'의 제출이라는 방식을 통해서 확인하도록 한 것으로 보이는바, 조합설립변경인가를 받으려는 경우에 같은 법 제23조제5항 본문 및 같은 법 시행규칙 제9조제2항제2호에 따라 첨부해야 하는 '조합설립동의서'는 기존 토지등소유자 외에 새롭게 조합원이 되는 토지등소유자의 조합설립동의서를 의미한다고 보는 것이 타당합니다.

그리고 소규모주택정비법 제23조제5항 본문의 입법연혁을 살펴보면, 해당 규정은 가로주택정비사업에 관한 사항이 2017년 2월 8일 법률 제14569호로 제정된 소규모주택정비법(이하 "제정 소규모주택정비법"이라 함)으로 이관되기 전에 구 「도시 및 주거환경정비법」(2017. 2. 8. 법률 제14567호로 전부개정되기 전의 것을 말하며, "구 도시정비법"이라 함) 제16조제1항 본문에 규정되어 있던 것으로, 구 도시정비법에서는 조합설립인가와 조합설립변경인가의 요건 및 절차를 동일하게 규정하고 있었으나, 제정 소규모주택정비법에서는 조합설립변경인가의 요건 및 절차를 조합설립인가의 경우와 구분하여 '총회에서의 일정비율 이상 조합원 찬성 의결' 등으로 규정한바, 이는 소규주택정비사업의 효율적 추진을 위해 조합설립변경인가의 요건 및 절차를 종전보다 완화한 것으로 보아야 할 것입니다.

그런데 만약 소규모주택정비법 제23조제1항에 따라 설립된 가로주택정비사업 조합이 사업시행구역의 면적을 증가하는 내용으로 조합설립변경인가를 받으려는 경우에도 기존 토지등소유자에 대해서 새로이 조합설립동의서를 받아야 한다고 본다면, 조합설립변경인가를 받기 위해서는 총회에서의 조합원 찬성 의결 외에도 '기존 토지등소유자' 및 '새롭게 추가된 토지등소유자'에 대한 조합설립동의서 징구 절차를 모두 거쳐야 하므로, 조합설립변경인가를 받으려는 경우 구 도시정비법에 비해 더욱 엄격한 요건 및 절차를 충족해야 한다는 결론에 이르게 되는바, 이러한 해석은 소규모주택정비법 제23조제5항 본문의 입법연혁 및 취지를 고려할 때 타당하다고 보기 어렵습니다.

따라서 이 사안의 경우, 기존 토지등소유자에 대하여 다시 조합설립동의서를 받지 않아도 됩니다. 끝.

1) 대법원 2020. 11. 5. 선고 2020다210679 판결례 참조

질의요지

「빈집 및 소규모주택 정비에 관한 특례법」(이하 "소규모주택정비법"이라 함) 제29조제1항 본문에서는 사업시행자는 소규모주택정비사업을 시행하는 경우에는 같은 법 제30조에 따른 사업시행계획서에 정관 등과 그 밖에 국토교통부령으로 정하는 서류를 첨부하여 시장·군수등[1]에게 제출하고 사업시행계획인가를 받아야 한다고 규정하고 있고,

같은 조 제3항 본문에서는 사업시행자는 사업시행계획인가를 신청하기 전에 미리 같은 법 제26조제2항 각 호의 어느 하나에 해당하는 동의 또는 의결을 거쳐야 한다고 규정하고 있는데, 같은 항 제2호 본문에서는 사업시행자가 '조합'인 경우에는 조합 총회에서 '조합원 과반수의 찬성으로 의결'한다고 규정하고 있는 한편,

소규모주택정비법 제28조제3항에서는 대지 또는 건축물에 대한 분양을 받으려는 토지등소유자는 같은 조 제2항에 따른 분양신청기간(이하 "분양신청기간"이라 함)에 대통령령으로 정하는 방법 및 절차에 따라 분양신청을 해야 한다고 규정하고 있는바,

가로주택정비사업[2]을 같은 법 제23조에 따른 조합이 직접 시행하는 경우로서, 같은 법 제29조제3항에 따라 사업시행자인 조합이 사업시행계획인가를 신청하기 전에 조합 총회의 의결을 거치는 경우, '조합 총회의 의결정족수 산정을 위한 조합원'의 수를 산정할 때 분양신청기간에 분양신청을 하지 않은 토지등소유자 및 분양신청기간 종료 이전에 분양신청을 철회[3]한 토지등소유자(이하 "분양미신청 토지등소유자"라 함)가 조합원에 포함되는지[4]?

회신내용

먼저 소규모주택정비법 제29조제1항 본문에 따라 사업시행자가 사업시행계획인가를 신청할 때 제출해야 하는 사업시행계획서에는 같은 법 제30조제1항제10호에 따른 '분양설계 등 관리처분계획'(이하 "관리처분계획"이라 함)이 포함되어야 하는데, 관리처분계획은 사업시행자가 조합원의 분양신청 현황을 기초로 하여 분양설계, 분양대상자별 분양예정인 대지 또는 건축물의 추산액, 정비사업비의 추산액 및 그에 따른 조합원 분담규모 및 분담시기 등을 포함하여 수립하는 계획[5]으로서, 가로주택정비사업의 시행

1) 특별자치시장·특별자치도지사·시장·군수 또는 자치구의 구청장을 말하며, 이하 같음.
2) 소규모주택정비법 제2조제1항제3호나목에 따른 가로주택정비사업을 말하며, 이하 같음.
3) 철회 후 분양신청기간 종료 이전에 다시 분양신청을 하지 않은 경우를 의미하며, 이하 같음.
4) 소규모주택정비법 제23조제1항제1호에 따른 정관에서 분양미신청 토지등소유자의 조합원 지위에 관하여 별도로 정하지 않은 경우를 전제함.
5) 소규모주택정비법 제33조 참조

결과 조성되는 건축물 등의 권리귀속에 관한 사항과 조합원의 비용 분담에 관한 사항을 정함으로써 조합원의 재산상 권리 및 의무 등에 구체적으로 직접적인 영향을 미치는 계획[1]이라는 점을 고려하면, 관리처분계획을 포함한 사업시행계획인가를 신청하기 위해 조합 총회에서 찬반 의결을 할 수 있는 조합원은 조합원의 지위를 유지하고 있는 토지등소유자를 의미한다고 보아야 합니다.

그런데 가로주택정비사업은 가로구역의 전부 또는 일부에서 주거환경을 개선하기 위해 인가받은 사업시행계획에 따라 주택 등을 건설하여 공급하거나 보전 또는 개량하는 사업[2]으로서 해당 사업을 통해 공급되는 주택 등에 대한 분양신청권은 가로주택정비사업의 시행을 위해 설립된 조합의 조합원이 가지는 가장 주된 권리라고 볼 수 있는데[3], 소규모주택정비법 제28조제3항에서는 대지 또는 건축물에 대한 분양을 받으려는 토지등소유자는 분양신청기간에 대통령령으로 정하는 방법 및 절차에 따라 분양신청을 해야 한다고 규정하고 있고, 같은 법 제33조제1항에서는 가로주택정비사업 등의 사업시행자는 분양신청기간이 종료된 때에는 분양신청의 현황을 기초로 분양설계(제1호) 등을 포함하여 관리처분계획을 수립해야 한다고 하면서, 같은 조 제3항제5호에서는 관리처분계획 수립기준의 하나로 '분양설계에 관한 계획은 분양신청기간이 만료하는 날을 기준으로 하여 수립한다'고 규정하고 있으므로, 분양대상 조합원의 확정 등 분양설계는 분양신청기간 종료일을 기준으로 결정되어[4] 분양신청기간 종료일 후에는 분양미신청 토지등소유자는 조합원으로서의 가장 주된 권리인 분양청구권을 행사하지 못하게 되고 그에 대응하여 조합원으로서의 의무도 면하게 된다는 점[5]을 고려하면, 소규모주택정비법령에 명시적인 규정이 없더라도 분양미신청 토지등소유자는 분양신청기간 종료일의 다음 날에는 조합원으로서의 지위를 상실한다[6]고 보는 것이 가로주택정비사업 조합의 성격 및 관련 규정의 체계에 부합하는 해석이라 할 것입니다.

그리고 소규모주택정비법 제36조제1항에서는 가로주택정비사업 등의 사업시행자는 같은 법 제29조에 따라 사업시행계획이 인가·고시된 날부터 90일 이내에 분양신청을 하지 않은 자 등과 토지등소유권[7]의 손실보상에 관한 협의를 해야 한다고 하면서(본문), 사업시행자는 '분양신청기간 종료일'의 다음 날부터 협의를 시작할 수 있다고 규정(단서)하고 있는데, 이는 분양미신청 토지등소유자가 분양신청기간 종료일의 다음 날부터는 조합원으로서의 지위가 상실되었음을 전제로 이후 분양대상자인 조합원을 중심으로 정비사업을 신속하게 추진할 수 있도록 함[8]과 동시에, 더 이상 분양청구권을 행사할 수 없게 된 토지등소유자에게 조합원으로서의 권리·의무를 갖게 하는 것은 해당 토지등소유자의 의사에도 부합하지 않

1) 대법원 2022. 7. 14. 선고 2022다206391 판결례 및 법제처 2014. 9. 19. 회신 14-0496 해석례 참조
2) 소규모주택정비법 제2조제1항제3호나목 및 같은 법 제16조제2항 참조
3) 대법원 2011. 7. 28. 선고 2008다91364판결례 참조
4) 대법원 2002. 1. 22. 선고 2000두604 판결례 참조
5) 대법원 2010. 8. 19. 선고 2009다81203 판결례 참조
6) 대법원 2011. 12. 8. 선고 2008두18342 판결례 및 대법원 2002. 1. 22. 선고 2000두604 판결례 참조
7) 토지, 건축물 또는 그 밖의 권리를 말하며, 이하 같음.
8) 법제처 2016. 3. 7. 회신 15-0669 해석례 참조

음을 고려하여 분양미신청 토지등소유자와 조합과의 법률관계를 조기에 종료시키려는 취지[1]라고 할 것인바, 분양미신청 토지등소유자는 특별한 사정이 없는 한 분양청구권을 분양청구기간 내에 행사하지 않거나 철회함으로써 그 분양신청기간 종료일 후 조합원 자격을 상실[2]하는 것으로 보는 것이 같은 법 제36조제1항의 규정 취지에도 부합한다고 할 것입니다.

더욱이 소규모주택정비법 제33조제1항에서는 관리처분계획에 포함해야 하는 사항으로 분양설계(제1호), 분양대상자별 분양예정인 대지 또는 건축물의 추산액(제3호) 및 정비사업비의 추산액과 그에 따른 조합원 분담규모 및 분담시기(제6호) 등을 규정하고 있는바, 분양미신청 토지등소유자는 분양대상자에서 제외되어 사업 시행과 관련하여 조합원으로서 정비사업비 분담의무 등을 면하게 되는 등 관리처분계획이 포함된 사업시행계획에 따른 권리·의무의 귀속 및 비용 분담에 직접적 이해관계를 가지지 않게 되므로, 분양미신청 토지등소유자를 관리처분계획을 포함한 사업시행계획의 인가를 위한 조합 총회의 의결 정족수 산정시 '조합원'에 포함하는 것은 타당하다고 볼 수 없습니다.

따라서 이 사안의 경우, 조합 총회의 의결정족수 산정을 위한 조합원 수 산정시 분양미신청 토지등소유자는 조합원에 포함되지 않습니다. 끝.

법제처-23-0921호(2023.12.04.)

질의요지

「빈집 및 소규모주택 정비에 관한 특례법」(이하 "소규모주택정비법"이라 함) 제17조제3항 각 호 외의 부분에서는 가로주택정비사업, 소규모재건축사업 또는 소규모재개발사업(이하 "가로주택정비사업등"이라 함)은 같은 항 각 호의 어느 하나에 해당하는 방법으로 시행할 수 있다고 규정하면서,

같은 항 제1호에서는 '토지등소유자가 20명 미만인 경우에는 토지등소유자가 직접 시행하거나 해당 토지등소유자가 같은 조 제1항 각 호의 어느 하나에 해당하는 자와 공동으로 시행하는 방법(이하 "토지등소유자 방식"이라 함)'을, 같은 항 제2호에서는 '같은 법 제23조에 따른 조합이 직접 시행하거나 해당 조합이 조합원의 과반수 동의를 받아 같은 법 제17조제1항 각 호의 어느 하나에 해당하는 자와 공동으로 시행하는 방법(이하 "조합 방식"이라 함)'을 규정하고 있는바,

가로주택정비사업등의 토지등소유자가 20명 미만인 경우, 소규모주택정비법 제17조제3항제2호에 따른 조합 방식으로 사업을 시행할 수 있는지?

---

1) 대법원 2010. 8. 19. 선고 2009다81203 판결례 참조

2) 대법원 2002. 1. 22. 선고 2000두604 판결례 참조

➲ 회신내용

가로주택정비사업등의 토지등소유자가 20명 미만인 경우에도 소규모주택정비법 제17조제3항제2호에 따른 조합 방식으로 사업을 시행할 수 있습니다.

먼저 소규모주택정비법 제17조제3항 각 호 외의 부분에서는 가로주택정비사업등은 같은 항 '각 호의 어느 하나에 해당하는 방법'으로 시행할 수 있다고 규정하면서, 같은 항 제1호에서는 '토지등소유자가 20명 미만인 경우'로 해당 규정이 적용될 수 있는 요건을 한정하고 있는 한편, 같은 항 제2호에서는 조합 방식으로 사업을 시행할 수 있는 요건으로 토지등소유자의 수를 별도로 한정하고 있지 않은데, 만약 가로주택정비사업등을 시행할 때 '토지등소유자가 20명 미만인 경우'에는 토지등소유자 방식만으로 시행하게 하고, '토지등소유자가 20명 이상인 경우'에는 조합 방식만으로 사업을 시행하도록 하려는 입법의도였다면 같은 항 각 호 외의 부분에서 '각 호의 어느 하나에 해당하는 방법'이라는 문언 대신 '각 호의 구분에 따른 방법'이라는 문언을 사용하면서, 같은 항 제2호에서 '토지등소유자가 20명 이상인 경우' 조합 방식으로 사업을 시행하도록 한정하는 입법방식을 취하는 것이 일반적이라는 점에 비추어볼 때, 가로주택정비사업등의 토지등소유자가 20명 이상인 경우에는 같은 항 제2호에 따른 조합 방식으로만 사업을 시행할 수 있으나, 토지등소유자가 20명 미만인 경우에는 같은 항 제1호에 따른 토지등소유자 방식뿐만 아니라 같은 항 제2호에 따른 조합 방식으로도 사업을 시행할 수 있다고 보는 것이 해당 규정의 문언 및 체계에 부합하는 해석이라 할 것입니다.

그리고 소규모주택정비법 제17조제3항의 입법연혁을 살펴보면, 구 「도시재개발법」(2002. 12. 20. 법률 제6852호로 폐지되기 전의 것을 말함) 제8조제1항에서는 재개발사업은 '토지등소유자 또는 조합'이 시행할 수 있다고 규정하고 있었으나, 각 개별법에 규정되어 있던 재개발사업·재건축사업 및 주거환경개선사업에 관한 사항을 통합하여 체계적으로 규정하기 위해[1] 2002년 12월 30일 법률 제6852호로 제정된 「도시 및 주거환경정비법」(이하 "구 도시정비법"이라 함)에서 재개발사업을 '주택재발사업'과 '도시환경정비사업'으로 구분하여 규정(제2조제2호)하면서, 일반적으로 다수의 토지등소유자가 존재하는 주택재개발사업에 대해서는 토지등소유자 방식으로 사업을 시행할 수 있도록 하는 내용을 삭제하는 한편, 비교적 소규모로 시행되는 도시환경정비사업에 대해서는 토지등소유자 방식 및 조합 방식의 사업 시행에 관한 내용을 함께 규정하여 두 가지 방식 중 하나를 선택할 수 있도록 하였는데(제8조제1항 및 제3항)[2], 그 후 구 도시정비법에 따른 정비사업 중 소규모주택정비사업에 관한 사항을 2017년 2월 8일 법률 제14569호로 제정된 소규모주택정비법으로 이관하여 규정하면서, 같은 법 제17조제3항에서 가로주택정비사업등의 시행방식을 현행과 같이 각 호로 구분하여 규정하게 되었습니다.

1) 2002. 12. 30. 법률 제6852호로 제정된 도시 및 주거환경정비법 제정이유 참조
2) 헌법재판소 2011. 8. 30. 결정 2009헌바128 결정례 참조

이러한 입법연혁에 비추어 보면, 정비사업은 '조합 방식'을 원칙으로 하되, 토지등소유자의 수가 적은 정비사업의 경우 조합을 결성할 필요성이 크지 않고 실질적으로 조합을 구성하여 사업을 시행하는 것이 어렵거나 무의미할 수 있다는 점[1]을 고려하여, 토지등소유자가 20명 미만인 가로주택정비사업등에 한정하여 조합 방식 이외에도 토지등소유자 방식을 선택할 수 있도록 함으로써 토지등소유자 방식으로 그 사업을 시행하는 경우 조합설립추진위원회 승인 및 조합설립 인가 등 조합의 설립 및 운영에 관한 절차를 생략할 수 있도록 한 것으로 보이는바, 소규모주택정비법 제17조제3항은 가로주택정비사업등의 토지등소유자가 20명 미만인 경우에는 같은 항 제1호에 따른 토지등소유자 방식 또는 같은 항 제2호에 따른 조합 방식 중 하나의 방식을 선택하여 사업을 시행할 수 있도록 규정한 것으로 보는 것이 타당하다고 할 것입니다.

따라서 가로주택정비사업등의 토지등소유자가 20명 미만인 경우에도 소규모주택정비법 제17조제3항제2호에 따른 조합 방식으로 사업을 시행할 수 있습니다. 끝.

법제처-23-0933호(2023.12.15.)

➔ 질의요지

「빈집 및 소규모주택 정비에 관한 특례법」(이하 "소규모주택정비법"이라 함) 제2조제1항제3호다목 및 같은 법 시행령 제3조제1항제3호에 따르면, 소규모재건축사업은 주택단지[2]로서 일정한 요건을 충족한 지역에서 시행할 수 있는데, 같은 법 제16조제3항 각 호 외의 부분 단서 및 같은 항 제3호에서는 주택단지에 위치하지 아니한 토지 또는 건축물(이하 "주택단지외 토지등"이라 함)이 '시·도지사[3]가 같은 법 제27조에 따른 통합심의(이하 "통합심의"라고 함)를 거쳐 부지의 정형화 등을 위해 필요하다고 인정하는 토지 또는 건축물'에 해당하는 경우로서 사업시행상 불가피한 경우에는 해당 토지 또는 건축물을 포함하여 소규모재건축사업을 시행할 수 있다고 규정하고 있는바,

소규모재건축사업의 토지등소유자[4]는 부지의 정형화를 위해 사업시행구역에 포함시킬 필요가 있는 주택단지외 토지등[5]을 통합심의를 거치지 않고 사업시행구역[6]에 포함하여 소규모주택정비법 제23조에 따른 조합설립인가를 받을 수 있는지?

---

1) 헌법재판소 2011. 8. 30. 결정 2009헌바128 결정례 참조
2) 「도시 및 주거환경정비법」 제2조제7호의 주택단지를 말하며, 이하 같음.
3) 특별시장·광역시장·특별자치시장·도지사·특별자치도지사를 말하며, 이하 같음.
4) 소규모주택정비법 제2조제1항제6호나목에 따른 토지등소유자를 말하며, 이하 같음.
5) 주택단지 외 토지등이 소규모주택정비법 제16조제3항제1호 및 제2호에는 해당하지 않는 경우를 전제함.
6) 소규모재건축사업을 시행하는 구역을 말하며(소규모주택정비법 제2조제1항제4호 참조), 이하 같음.

➔ 회신내용

소규모재건축사업의 토지등소유자는 부지의 정형화를 위해 사업시행구역에 포함시킬 필요가 있는 주택단지외 토지등을 통합심의를 거치지 않고 사업시행구역에 포함하여 소규모주택정비법 제23조에 따른 조합설립인가를 받을 수는 없습니다.

법령의 문언 자체가 비교적 명확한 개념으로 구성되어 있다면 원칙적으로 더 이상 다른 해석방법은 활용할 필요가 없거나 제한될 수밖에 없고[1], 법령에서 일정한 원칙에 관한 규정을 둔 후 이러한 원칙에 대한 예외규정을 두는 경우 이러한 예외규정을 해석할 때에는 합리적인 이유 없이 문언의 의미를 확대하여 해석해서는 아니 되고 보다 엄격하게 해석할 필요가 있다고 할 것입니다.[2]

그런데 소규모주택정비법 제2조제1항제3호다목 및 같은 법 시행령 제3조제1항제3호에 따르면, 원칙적으로 소규모재건축사업의 사업시행구역에는 주택단지가 아닌 지역이 포함될 수 없으나, 같은 법 제16조제3항 각 호 외의 부분 단서 및 같은 항 각 호에서는 사업시행상 불가피하여 예외적으로 주택단지외 토지등을 사업시행구역에 포함할 수 있는 경우를 열거하여 규정하면서, 같은 항 제3호에서는 '시·도지사가 통합심의를 거쳐 부지의 정형화 등을 위하여 필요하다고 인정하는 토지 또는 건축물'을 포함하여 소규모재건축사업을 시행할 수 있도록 규정하여 같은 호에 따른 주택단지외 토지등의 사업시행구역 포함 필요성은 '시·도지사'가 '통합심의'라는 절차를 거쳐 인정하도록 명시하고 있는바, '토지등소유자'가 소규모재건축사업의 부지 정형화를 위해 주택단지외 토지등을 사업시행구역에 포함하여 조합설립인가를 신청하더라도, 시·도지사가 '통합심의를 거쳐' 그 필요성을 인정하지 않은 경우에는 주택단지외 토지등을 그 사업시행구역에 포함하여 조합설립인가를 받을 수 없다는 점은 문언상 분명하다고 할 것입니다.

그리고 소규모주택정비법 제16조제3항제3호는 2021년 10월 19일 법률 제18510호로 일부개정된 소규모주택정비법에서 신설된 규정으로 종전에는 같은 항에서 사업시행상 불가피하여 소규모재건축사업의 사업시행구역에 주택단지외 토지등을 포함할 수 있는 경우를 토지 또는 건축물이 정비기반시설 및 공동이용시설의 설치에 필요하거나(제1호) 건축행위가 불가능한 경우(제2호)로 한정하고 있었으나, 시·도지사가 소규모재건축사업의 원활한 추진에 필요하다고 인정하는 경우 그 사업시행구역을 확대할 수 있도록 하되, 그 경우 통합심의를 거쳐 주택단지외 토지등을 사업시행구역에 포함할 수 있도록 한 것[3]인바, 시·도지사가 통합심의를 거쳐 주택단지외 토지등을 그 사업시행구역에 포함하는 것으로 인정하지 않은 상태에서 토지등소유자가 그 주택단지외 토지등을 사업시행구역에 포함하여 인가를 신청하더라도 소규모주택정비법 제23조에 따른 조합설립인가를 받을 수 있다고 보는 것은 부지정형화 등을 위한 주택단지외

---

1) 대법원 2009. 4. 23. 선고 2006다81035 판결례 참조
2) 대법원 2020. 5. 28. 선고 2017두73693 판결례 참조
3) 2021. 1. 8. 의안번호 제2107247호로 발의된 빈집 및 소규모주택 정비에 관한 특례법 일부개정법률안에 대한 국토교통위원회 검토보고서 참조

토지등의 사업시행구역 포함 여부와 관련한 인정 절차를 엄격히 규정한 해당 규정의 취지에도 부합하지 않는다고 할 것입니다.

따라서 소규모재건축사업의 토지등소유자는 부지의 정형화를 위해 사업시행구역에 포함시킬 필요가 있는 주택단지외 토지등을 통합심의를 거치지 않고 사업시행구역에 포함하여 소규모주택정비법 제23조에 따른 조합설립인가를 받을 수는 없습니다. 끝.

※ 법령정비 권고사항

소규모주택정비사업에 대해서는 도시정비법에 따른 정비계획 입안 및 정비구역 지정 절차가 생략된다는 점을 고려하여, 소규모주택정비법 제16조제3항에 따라 주택단지 외 토지등을 사업시행구역에 포함할 수 있는 시기 및 절차에 관해서 구체적으로 규정할 필요가 있습니다.

법제처-23-0909호(2023.12.29.)

질의요지

「빈집 및 소규모주택 정비에 관한 특례법」(이하 "소규모주택정비법"이라 함) 제23조제1항에서는 가로주택정비사업[2]의 토지등소유자는 조합을 설립하는 경우 일정 비율 이상의 토지등소유자 동의를 받은 후 조합설립을 위한 창립총회를 개최하고 시장·군수등[3]의 인가를 받아야 한다고 규정하고 있고, 같은 법 시행령 제20조의2제1항에서는 토지등소유자는 같은 법 제23조제1항·제2항 및 제4항에 따른 창립총회(이하 "창립총회"라 함)를 개최하려는 경우 토지등소유자 과반수의 동의로 대표자를 선임해야 한다고 규정하고 있는 한편,

소규모주택정비법 제56조제1항 전단에서는 조합의 법인격·정관·임원 등에 관하여는 「도시 및 주거환경정비법」(이하 "도시정비법"이라 함) 제38조 및 제40조부터 제46조까지를 준용한다고 규정하고 있는바,

(질의1) 토지등소유자가 창립총회를 개최하기 위해 선임해야 하는 대표자는 토지등소유자여야 하는지?

(질의2) 소규모주택정비법 제56조제1항 전단에 따라 조합의 임원에 관하여 준용되는 도시정비법 제42조제4항이 토지등소유자가 창립총회를 개최하기 위해 선임한 대표자에 대해서도 준용되는지?

---

1) 2017. 9. 29. 대통령령 제28351호 도시 및 주거환경정비법 시행령 일부개정령 부칙 제3조제1항 참조
2) 소규모주택정비법 제2조제1항제3호나목에 따른 가로주택정비사업을 말하며, 이하 같음.
3) 특별자치시장·특별자치도지사·시장·군수 또는 자치구의 구청장을 말하며, 이하 같음.

회신내용

(질의1) 토지등소유자가 창립총회를 개최하기 위해 선임해야 하는 대표자는 토지등소유자여야 합니다.

법 해석의 목표는 어디까지나 법적 안정성을 저해하지 않는 범위에서 구체적 타당성을 찾는 데 두어야 하고, 그러기 위해서는 법률에 사용된 문언의 통상적인 의미에 충실하게 해석하면서도 그 입법 취지와 연혁 및 다른 법령과의 관계 등을 고려한 체계적·논리적 해석방법을 추가적으로 동원해야 하는데[1], 소규모주택정비법 시행령 제20조의2제1항에서는 토지등소유자는 창립총회를 개최하려는 경우 토지등소유자 과반수의 동의로 대표자를 선임해야 한다고 규정하여 대표자로 선임되기 위한 토지등소유자의 동의 요건에 관해서만 규정하고 있을 뿐 그 자격요건에 관해서는 별도로 규정하고 있지 않은바, 토지등소유자가 창립총회를 개최하기 위해 선임해야 하는 대표자는 해당 사업시행구역의 토지등소유자로 한정되는지 여부를 판단하기 위해서는 그 입법 취지와 연혁 및 관련 조문과의 관계 등을 종합적으로 살펴보아야 합니다.

먼저 조합설립인가의 사전절차로서 창립총회에 관해 규정하고 있는 소규모주택정비법 제23조제1항에서는 가로주택정비사업의 '토지등소유자'는 조합을 설립하는 경우 일정 비율 이상의 토지등소유자의 동의를 받은 후 조합설립을 위한 창립총회를 개최하고 같은 항 각 호의 사항을 첨부하여 시장·군수등의 인가를 받아야 한다고 규정하고 있는바, 조합설립인가의 신청과 창립총회의 개최는 모두 '토지등소유자'가 하는데, 같은 법 시행령 제20조의2제1항은 같은 법 제23조제10항의 위임에 따라 '창립총회의 방법 및 절차'를 정한 것으로서 같은 조 제1항에 따라 창립총회를 개최해야 하는 토지등소유자 중 대표자를 선임하기 위한 동의 요건에 관하여 정한 규정이라 할 것인바, 같은 법 시행령 제20조의2제1항에 따라 선임되는 대표자는 창립총회를 개최하는 토지등소유자 중에서 선임된 대표자를 의미한다고 보아야 합니다.

그리고 소규모주택정비법 시행령 제20조의2는 2022년 2월 3일 법률 제18831호로 일부개정된 소규모주택정비법 제23조에서 가로주택정비사업등의 조합설립인가를 신청하기 전에 토지등소유자의 '창립총회' 개최를 의무화함에 따라 창립총회의 방법 및 절차 등을 구체적으로 규정한 것[2]으로, 같은 법 시행령 개정 당시의 입법자료에서 그 입법취지를 '토지등소유자의 대표자' 선출방법 등을 정하기 위한 것으로 설명하고 있다는 점[3]에 비추어 볼 때, 소규모주택정비법 시행령 제20조의2제1항은 창립총회의 개최를 위해 토지등소유자 중에서 같은 조 제2항 본문에 따라 창립총회를 소집할 '소집권자'를 선임하기 위한 요건을 정한 것으로서, 같은 조 제1항 및 제2항 본문에 따른 대표자는 해당 회의의 구성원인 토지등소유자 중에서 선임해야 한다고 보는 것이 그 입법취지에도 부합하는 해석입니다.

---

1) 대법원 2013. 1. 17. 선고 2011다83431 판결례 참조

2) 2021. 3. 8. 의안번호 제2108637호로 발의된 빈집 및 소규모주택 정비에 관한 특례법 일부개정법률안(대안 반영 폐기) 국토교통위원회 심사보고서 참조

3) 2022. 8. 2. 대통령령 제32849호로 일부개정된 빈집 및 소규모주택 정비에 관한 특례법 시행령 조문별 제·개정이유서 참조

더욱이 소규모주택정비법 시행령 제20조의2제2항 본문에서는 창립총회는 대표자의 직권 또는 토지등소유자 5분의 1 이상의 요구로 대표자가 소집한다고 규정하고 있고, 같은 조 제3항에서는 대표자는 창립총회 개최일의 14일 전까지 창립총회의 안건 등을 공개·통지하도록 규정하고 있어, 대표자는 창립총회 회의의 소집 및 안건 상정 여부에 관한 결정 권한을 가진 자라 할 것인데, 만약 가로주택정비사업의 토지등소유자가 아닌 자도 같은 조 제1항에 따라 대표자로 선임될 수 있다고 본다면, 같은 영 제20조의3에 따른 창립총회의 의사권 및 의결권을 행사할 수 없는 자[1]가 창립총회의 소집 및 안건 상정 여부를 결정하게 되는 불합리한 결과가 초래될 수 있는바, 그러한 의견은 타당하다고 보기 어렵습니다.

아울러 소규모주택정비법은 소규모주택정비사업을 활성화하기 위해 구 「도시 및 주거환경정비법」(2017. 2. 8. 법률 제14567호로 전부개정되기 전의 것을 말함)에서 규정하고 있던 가로주택정비사업 등에 관한 사항을 이관하여 제정한 법률[2]로, 소규모주택정비법 제정 당시 소규모주택정비사업 추진 절차의 간소화를 위해 소규모주택정비사업의 조합 설립에 대해서는 도시정비법 제31조에서 규정하고 있는 정비사업에 대한 조합설립 추진위원회(이하 "추진위원회"라 함)의 구성 및 승인 절차를 거치지 않도록 하면서도, 조합설립 인가의 사전절차로서 창립총회 개최에 관해서는 도시정비법 제35조와 동일하게 규정하였는바, 같은 법 시행령 제27조제3항 본문에 따라 창립총회의 소집권한을 갖는 추진위원회의 추진위원장은 정비구역에 위치한 건축물 또는 토지를 소유한 자여야 한다는 점[3]도 이 사안을 해석할 때 함께 고려할 필요가 있습니다.

따라서 토지등소유자가 창립총회를 개최하기 위해 선임해야 하는 대표자는 토지등소유자여야 합니다.

(질의2) 소규모주택정비법 제56조제1항 전단에 따라 조합의 임원에 관하여 준용되는 도시정비법 제42조제4항은 토지등소유자가 창립총회를 개최하기 위해 선임한 대표자에 대해서는 준용되지 않습니다.

우선 소규모주택정비법 제56조제1항 전단에서는 도시정비법이 준용되는 대상을 '조합의 법인격·정관·임원 등'으로 명시하고 있는데, 이 때 "등"에는 열거된 예시사항과 규범적 가치가 동일하거나 그에 준하는 성질을 가지는 사항이 포함된다고 할 것이나[4], 이 경우에도 조합의 '법인격·정관·임원'과 같이 조합에 관한 사항과 규범적 가치가 동일하거나 이에 준하는 성질을 가지는 사항만이 "등"에 포함된다고 보아야 할 것이므로, 같은 법 제23조제1항에 따라 '조합'이 설립되기 전에 창립총회를 개최하는 시점에서 같은 법 시행령 제20조의2제1항에 따라 선임되는 대표자가 같은 법 제56조제1항 전단에 따른 '조합의 법인격·정관·임원 등'에 해당한다고 보기는 어렵습니다.

그리고 준용이란 특정 조문을 그와 성질이 유사한 규율 대상에 대해 그 성질에 따라 다소 수정해 적용하

1) 소규모주택정비법 시행령 제20조의3제2항 참조

2) 2017. 2. 8. 법률 제14569호로 제정된 소규모주택정비법 제정이유

3) 도시정비법 제33조제5항, 제43조제2항제2호 및 제41조제1항 각 호 외의 부분 전단 참조

4) 법제처 2014. 10. 10. 회신 14-0498 해석례 참조

는 것을 의미하는데[1], 소규모주택정비법 제56조제1항 전단에서 조합의 법인격·정관·임원 등에 관해서 도시정비법을 준용하도록 한 것은 소규모주택정비법과 도시정비법에 따른 '조합'은 구성원, 권한 및 의무 등이 유사한 법인[2]이라는 점을 고려하여 소규모주택정비법에 따른 '조합'의 구체적 사항에 관하여 도시정비법의 관련 규정을 준용하도록 한 것인바, 가로주택정비사업의 조합이 설립되기 전에 창립총회 개최를 위하여 선임되는 대표자는 창립총회의 직권 소집 등의 권한을 가질 뿐, 조합임원의 지위까지 갖는 것이 아니라는 점을 고려할 때, 그 대표자에 대해 도시정비법상의 조합에 관한 규정(제38조 및 제40조부터 제46조까지)이 준용된다고 보기는 어렵습니다.

더욱이 소규모주택정비법 제56조제1항 전단에 따라 준용되는 도시정비법 제40조제1항제6호에서는 조합임원의 권리·의무·보수 등에 관하여 조합의 정관에 포함하도록 규정하고 있고, 같은 법 제42조제1항부터 제3항까지에서는 조합임원의 직무에 관해 규정하고 있는 점에 비추어 보면, 조합임원은 조합이라는 법인의 집행기관이라고 할 것[3]이고, 같은 조 제4항은 그 집행기관에 대한 겸직금지 의무를 명시한 것이라고 할 것인데, 소규모주택정비법령에 따라 토지등소유자가 창립총회를 개최하기 위해 선임하는 대표자는 창립총회의 직권 소집 등의 권한을 가질 뿐, 조합과 같은 특정한 법인의 집행기관으로서의 지위를 가지거나 그 법인을 위한 직무 수행의 대가로 보수를 받는 자로는 볼 수는 없는바, 조합의 집행기관인 조합임원에 대해 준용되는 도시정비법 제42조제4항이 창립총회 대표자에 대해서도 준용된다고 보는 것은 타당하지 않습니다.

따라서 소규모주택정비법 제56조제1항 전단에 따라 조합의 임원에 관하여 준용되는 도시정비법 제42조제4항은 토지등소유자가 창립총회를 개최하기 위해 선임한 대표자에 대해서는 준용되지 않습니다. 끝.

1) 법제처 2023. 7. 25. 회신 23-0473 해석례 참조
2) 소규모주택정비법 제23조제8항 및 도시정비법 제38조제1항 참조
3) 소규모주택정비법 시행령 제20조의3제2항 참조

질의요지

「빈집 및 소규모주택 정비에 관한 특례법」(이하 "소규모주택정비법"이라 함) 제19조제1항에서는 시장·군수등[1]은 가로주택정비사업, 소규모재건축사업 또는 소규모재개발사업(이하 "가로주택정비사업등"이라 함)의 조합설립을 위하여 같은 법 제23조에 따른 조합설립 동의요건 이상에 해당하는 자가 대통령령으로 정하는 요건을 갖춘 신탁업자[2](이하 "지정개발자"라 함)를 사업시행자로 지정하는 것에 동의하는 때에는 지정개발자를 사업시행자로 지정하여 해당 사업을 시행하게 할 수 있다고 규정하고 있고,

그 위임에 따라 마련된 같은 법 시행령 제17조에서는 같은 법 제19조제1항에서 "대통령령으로 정하는 요건을 갖춘 신탁업자"란 사업시행구역 면적의 3분의 1 이상의 토지를 신탁받은 신탁업자를 말한다고 규정하고 있으며,

같은 법 제19조제2항 전단에서는 같은 조 제1항에 따라 지정개발자를 사업시행자로 지정하는 때에는 14일 이상 주민 공람을 거쳐 의견을 수렴하고 사업시행구역 등을 해당 지방자치단체의 공보에 고시해야 한다고 규정하고 있는바,

소규모주택정비법 제19조제1항 및 제2항에 따라 사업시행자로 지정·고시된 지정개발자[3]가 그 지정·고시가 있은 후에 같은 법 시행령 제17조에 따른 요건(이하 "토지 신탁요건"이라 함)을 갖추지 못하게 된 경우, 그 사유만으로 해당 사업시행자 지정·고시의 효력이 상실되는지?

회신내용

소규모주택정비법 제19조제1항 및 제2항에 따라 사업시행자로 지정·고시된 지정개발자가 그 지정·고시가 있은 후에 토지 신탁요건을 갖추지 못하게 된 경우, 그 사유만으로 해당 사업시행자 지정·고시의 효력이 상실되지는 않습니다.

먼저 소규모주택정비법 제19제1항에서는 시장·군수등은 가로주택정비사업등의 조합설립을 위하여 같은 법 제23조에 따른 조합설립 동의요건 이상에 해당하는 자가 토지 신탁요건을 갖춘 지정개발자를 사업시행자로 지정하는 것에 동의하는 때에는 지정개발자를 사업시행자로 지정하여 해당 사업을 시행하게 할 수 있다고 규정하고 있는바, 이러한 사업시행자 지정의 법적 성격은 소규모주택정비법령이 정하는 바에 따라 지정개발자에게 '가로주택정비사업등을 시행할 수 있는 권한을 부여하는 처분'[4]이라 할 것인데, 소

1) 특별자치시장·특별자치도지사·시장·군수 또는 자치구의 구청장을 말하며, 이하 같음.
2) 「자본시장과 금융투자업에 관한 법률」 제8조제7항에 따른 신탁업자를 말하며, 이하 같음.
3) 사업시행자 지정 요건을 모두 갖추어 적법하게 지정·고시된 경우를 전제함.
4) 법제처 2023. 8. 28. 회신 23-0508 해석례 및 대법원 2023. 8. 18. 선고 2022두51901 판결례 참조

규모주택정비법령에서는 지정개발자가 갖추어야 하는 토지 신탁요건을 사업시행자 지정 요건의 하나로 규정하고 있을 뿐, 해당 요건 등을 갖춘 지정개발자를 사업시행자로 지정·고시한 이후에 사업시행자가 토지 신탁요건을 충족하지 못하게 된 경우 그 사업시행자 지정·고시의 효력이 상실되도록 하는 규정을 두고 있지 않습니다.

그리고 「행정기본법」 제15조 본문에서는 처분은 권한이 있는 기관이 취소 또는 철회하거나 기간의 경과 등으로 소멸되기 전까지는 유효한 것으로 통용된다고 규정하고 있고, 같은 법 제19조제1항에서는 행정청은 '적법한 처분'이 법령등의 변경이나 사정변경으로 처분을 더 이상 존속시킬 필요가 없게 된 경우(제2호), 중대한 공익을 위하여 필요한 경우(제3호) 등에는 그 처분의 전부 또는 일부를 장래를 향하여 철회할 수 있다고 규정하고 있는바, 소규모주택정비법 제19조에 따라 사업시행자 지정요건을 갖춘 신탁업자에 대하여 적법한 사업시행자 지정·고시가 있은 후 해당 사업시행자가 사업시행구역의 일부 토지에 대한 신탁계약 해지 등 사정변경에 따라 토지 신탁요건을 충족하지 못하게 된 경우, 「행정기본법」 제19조제1항제2호 또는 제3호에 따라 사업시행자 지정 처분을 존속시킬 필요가 없게 된 사정변경 또는 중대한 공익상의 필요에 따라 별도의 행정행위로 사업시행자 지정을 장래를 향하여 철회할 수 있음은 별론으로 하고[1], 그러한 사정변경만으로 명문의 근거 없이 종전의 사업시행자 지정·고시의 효력이 당연히 상실되는 것은 아니라고 할 것[2]입니다.

아울러 소규모주택정비법 제19조제1항에서는 신탁업자가 가로주택정비사업등의 사업시행자로 지정되기 위한 요건으로 토지 신탁요건 외에 '조합설립 동의요건 이상에 해당하는 자의 동의'가 있을 것을 요구하고 있는데, 같은 법 제25조제1항제2호 및 같은 법 제56조제1항에 따라 준용되는 도시정비법 제36조 및 그 위임에 따라 마련된 같은 법 시행령 제33조제2항제1호에 따르면, 지정개발자의 사업시행자 지정에 대한 동의의 철회 또는 반대의사의 표시는 해당 동의에 따른 인·허가 등을 신청하기 전까지만 할 수 있는바, 이는 사업시행자 지정 신청 후 일부 토지등소유자의 일방적인 동의 철회에 의해 정비사업의 시행이 무산되어 그로 인한 경제적 손실이 발생하는 것을 방지하고, 사업시행의 안정성을 확보하는 데 그 목적이 있다고 할 것인바, 이러한 관련 규정의 취지에 비추어 볼 때, 사업시행자 지정 후 신탁계약 해지 등에 따라 토지 신탁요건을 충족하지 못하게 되었다고 하여 사업시행자 지정·고시의 효력이 당연히 상실된다고 보는 것은 불합리하다는 점도 이 사안을 해석할 때 고려해야 합니다.

따라서 소규모주택정비법 제19조제1항 및 제2항에 따라 사업시행자로 지정·고시된 지정개발자가 그 지정·고시가 있은 후에 토지 신탁요건을 갖추지 못하게 된 경우, 그 사유만으로 해당 사업시행자 지정·고시의 효력이 상실되지는 않습니다. 끝.

1) 대법원 1995. 5. 26. 선고 94누8266 판결례 참조
2) 법제처 2015. 7. 28. 회신 15-0416 해석례 참조

질의요지

「건축법」 제77조의4제1항에서는 토지 또는 건축물의 소유자, 지상권자 등 대통령령으로 정하는 자(이하 "소유자등"이라 함)는 전원의 합의로 「국토의 계획 및 이용에 관한 법률」에 따라 지정된 지구단위계획구역(제1호) 등 같은 항 각 호의 어느 하나에 해당하는 지역 또는 구역에서 건축물의 건축·대수선 또는 리모델링에 관한 협정을 체결할 수 있다고 규정하고 있고, 그 위임에 따라 마련된 같은 법 시행령 제110조의3제1항에서는 소유자등을 각 호로 규정하면서, 같은 항 제1호에서는 토지 또는 건축물의 소유자를, 같은 항 제2호에서는 토지 또는 건축물의 지상권자를 각각 규정하고 있는 한편,

「빈집 및 소규모주택 정비에 관한 특례법」(이하 "소규모주택정비법"이라 함) 제19조제1항에서는 시장·군수등[1]은 가로주택정비사업[2]의 조합설립을 위하여 같은 법 제23조에 따른 조합설립 동의요건 이상에 해당하는 자가 대통령령으로 정하는 요건을 갖춘 신탁업자를 사업시행자[3]로 지정하는 것에 동의하는 때에는 대통령령으로 정하는 요건을 갖춘 신탁업자를 사업시행자로 지정하여 해당 사업을 시행하게 할 수 있다고 규정하고 있고, 같은 법 제29조제1항 본문에서는 사업시행자는 소규모주택정비사업을 시행하는 경우에는 같은 법 제30조에 따른 사업시행계획서(이하 "사업시행계획서"라 함)에 정관등[4]과 그 밖에 국토교통부령으로 정하는 서류를 첨부하여 시장·군수등에게 제출하고 사업시행계획인가를 받아야 한다고 규정하고 있는바,

소규모주택정비법 제19조제1항에 따라 가로주택정비사업의 사업시행자로 지정된 신탁업자인 사업시행자[5]가 같은 법 제29조제1항에 따른 사업시행계획인가(이하 "사업시행계획인가"라 함)를 받은 경우로서 사업시행구역에 인접한 토지 또는 건축물의 소유자등과 「건축법」 제77조의4에 따른 건축협정(이하 "건축협정"이라 함)을 체결하려는 경우,[6]

(질의1) 신탁업자인 사업시행자는 건축협정을 체결할 수 있는 자인 「건축법 시행령」 제110조의3제1항제1호의 소유자에 해당하는지?

(질의2) 신탁업자인 사업시행자는 건축협정을 체결할 수 있는 자인 「건축법 시행령」 제110조의3제1항제2호의 지상권자에 해당하는지?

---

1) 특별자치시장·특별자치도지사·시장·군수 또는 자치구의 구청장을 말하며, 이하 같음.

2) 소규모주택정비법에 따른 소규모주택정비사업의 한 유형으로, 가로(街路)구역에서 종전의 가로를 유지하면서 소규모로 주거환경을 개선하기 위한 사업을 말하며(소규모주택정비법 제2조제1항제3호나목 참조), 이하 같음.

3) 소규모주택정비사업을 시행하는 자를 말하며(소규모주택정비법 제2조제1항제5호 참조), 이하 같음.

4) 「도시 및 주거환경정비법」 제2조제11호에 따른 정관등을 말함.

5) 신탁계약 등에 따라 신탁업자인 사업시행자에게 건축협정을 체결할 수 있는 권리에 관한 사항까지 위탁된 것은 아님을 전제함.

6) 「건축법」 제77조의4제1항 각 호의 구역에 해당하는지 여부 등 건축협정 체결에 관한 다른 요건은 충족됨을 전제함.

회신내용

(질의1) 이 사안의 경우, 신탁업자인 사업시행자는 건축협정을 체결할 수 있는 자인 「건축법 시행령」 제110조의3제1항제1호의 소유자에 해당하지 않습니다.

먼저 「건축법」 제77조의4에 따르면 건축물의 건축·대수선 또는 리모델링에 관한 건축협정은 해당 구역에 속한 토지 또는 건축물의 소유자등 전원의 합의로 자율적인 주택정비 등을 위해 체결하는 것으로서,[1] 「건축법」 제77조의10제1항에 따르면 건축협정이 체결된 지역 또는 구역에서 건축물의 건축·대수선 또는 리모델링 등을 하려는 소유자등은 그 건축협정에 따라야 한다고 규정하고 있고, 같은 법 제77조의13에 따르면 건축협정을 체결한 경우 지하층의 설치나 건폐율 등을 개별 건축물마다 적용하지 아니하고 통합 적용하는 등의 특례를 적용받을 수 있게 되는바, 이를 종합하여 보면 건축협정은 건축·대수선 또는 리모델링 등 실질적인 건축행위에 직접적인 영향을 미치게 되고, 건축협정을 체결한 자가 이를 따라야 하는 법적 의무가 발생하는 등의 효과를 수반하므로, 「건축법 시행령」 제110조의3제1항제1호에 따라 건축협정을 체결할 수 있는 주체가 되는 "소유자"는 해당 구역에서 건축이나 대수선 등의 행위를 할 수 있는 실질적인 권리를 가지며, 건축이나 대수선 등의 행위를 통한 이익과 비용이 최종적으로 귀속되는 자를 의미한다고 할 것입니다.

그리고 소규모주택정비법 제2조제1항제6호 단서에 따르면 소규모주택정비법상 신탁업자는 「자본시장과 금융투자업에 관한 법률」(이하 "자본시장법"이라 함) 제8조제7항에 따른 신탁업자를 의미하고, 자본시장법 제6조제9항 및 제9조제24항에 따르면 신탁업은 「신탁법」 제2조의 신탁을 영업으로 하는 금융투자업을 의미하므로, 소규모주택정비법에 따른 신탁업자인 사업시행자는 그 위탁자인 토지등소유자[2]와 「신탁법」 제2조에 따른 신탁관계를 형성하게 되고, 이에 따라 신탁의 목적과 그 법률관계의 명확성을 위해 그 소유권이 수탁자인 사업시행자(신탁업자)에게 이전되는 한편, 수탁자가 대내외적으로 신탁재산에 대한 관리권을 가지게 됩니다.[3]

그런데 「신탁법」에 따르면 수탁자는 누구의 명의(名義)로도 신탁재산을 고유재산으로 하거나 신탁재산에 관한 권리를 고유재산에 귀속시키지 못하고(제34조제1항제1호), 신탁재산을 수탁자의 고유재산과 구별하여 관리(제37조제1항)해야 하는 등 신탁재산의 권리·의무관계에 관하여 수탁자의 고유재산과 구분하여 규정하고 있는바, 비록 「신탁법」에 따른 신탁관계에 의해 신탁재산이 수탁자의 소유라 하더라도 그에 관한 권리관계를 수탁자의 고유재산과 동일하게 취급할 수는 없고[4], 「신탁법」은 신탁에 관한 사법(私法)적 법률관계를 규정하는 것을 목적으로 하는 법률인 반면, 「건축법」은 건축물의 대지·구조·설비

1) 법제처 2023. 2. 20. 회신 23-0090 해석례 참조
2) 소규모주택정비법 제2조제1항제6호에 따른 토지등소유자를 말하며, 이하 같음.
3) 법제처 2021. 5. 12. 회신 21-0186 해석례 참조
4) 대법원 2015. 6. 11. 선고 2013두15262 판결례 참조

기준 및 용도 등을 정하여 건축물의 안전·기능·환경 및 미관을 향상시킴으로써 공공복리의 증진에 이바지하는 것을 목적으로 하는 법률로서 두 법률은 그 입법목적이 다른바, 「건축법」에 따른 소유관계가 「신탁법」에 따른 사법(私法)관계와 동일하게 볼 수는 없다는 점[1] 등을 종합하여 보면, 「건축법 시행령」 제110조의3제1항제1호에 따라 건축협정을 체결할 수 있는 주체가 되는 "소유자"를 판단할 때에는 건축이나 대수선 등의 행위를 할 수 있는 실질적인 권리를 가지는지 여부, 해당 행위를 통한 이익과 비용이 최종적으로 귀속되는 자인지 여부 등을 종합적으로 고려해야 할 것입니다.

이 경우 이 사안의 신탁업자인 사업시행자는 가로주택정비사업의 추진을 위해 토지 또는 건축물의 소유자등으로부터 소규모주택정비법에 따라 신탁을 받은 것인데, 소규모주택정비법 제2조제1항제6호 본문에서는 "토지등소유자"란 같은 호 각 목에서 정하는 자를 말한다고 규정하면서, 같은 호 단서에서는 신탁업자가 사업시행자로 지정된 경우 토지등소유자가 가로주택정비사업 등 소규모주택정비사업을 목적으로 신탁업자에게 신탁한 토지 또는 건축물에 대하여는 위탁자를 토지등소유자로 본다고 규정하고 있는바, 해당 규정은 당초 도시정비법에서 신탁업자를 사업시행자로 지정할 수 있도록 하는 제도를 신설하면서, 정비사업에 대한 실질적인 이해관계인인 위탁자의 의사가 반영되어야 한다는 점을 고려하여 수탁자를 소유권자로 보는 통상적인 신탁관계와 달리 '정비사업에 관한 부동산의 신탁관계'에서는 위탁자를 '토지등소유자'로 보도록 하였고[2], 이후 소규모주택정비법이 도시정비법으로부터 분리되어 별도의 법률로 제정되면서 이러한 취지의 규정이 그대로 포함된 것인 점,[3] 가로주택정비사업은 주민합의체를 구성(제22조)하거나 조합설립인가를 신청(제23조)하는 경우 및 사업시행계획인가를 신청(제29조)하는 경우 등 사업 추진 과정에서 일정 비율 이상 토지등소유자의 동의를 받도록 규정하고 있는바, 이는 '직접적인 이해관계'가 있는 자가 가로주택정비사업을 추진하도록 하고 이해관계인의 의견을 사업에 반영하려는 취지로 보이는 점[4] 등을 고려하면 이 사안과 같이 소규모주택정비법에 따른 가로주택정비사업을 건축협정을 통한 자율적 주택정비와 함께 추진하는 경우에도 가로주택정비사업에서와 같이 직접적인 이해관계가 있는 자, 즉 건축협정을 통한 자율적 주택정비에 따른 이익과 비용이 최종적으로 귀속되는 자인 '위탁자'의 의사가 반영될 수 있어야 할 것입니다.

또한 ① 건축협정은 건축협정이 체결된 구역을 하나의 필지로 보아 건축을 할 수 있도록 하는 등 특례[5]를 부여하는 것으로,[6] 건축협정이 체결되면 주로 가로주택정비사업의 사업시행구역과 그 외의 토지를 합쳐 건축협정구역으로 하고, 이를 통합하여 유기적으로 건축이나 대수선 등이 이루어지도록 하고 있는바, 이에 따라 가로주택정비사업의 사업시행구역 내의 토지 또는 건축물을 위탁한 토지등소유자는 건

---

1) 대법원 2015. 6. 11. 선고 2013두15262 판결례 및 법제처 2021. 9. 14. 회신 21-0428 해석례 등 참조

2) 2014. 11. 27. 의안번호 1912721호로 발의된 도시 및 주거환경정비법 일부개정법률안에 대한 국토교통위원회 심사보고서 참조

3) 2017. 2. 8. 법률 제14569호로 제정된 소규모주택정비법 제정이유 참조

4) 법제처 2023. 9. 7. 회신 23-0538 해석례 등 참조

5) 건축법 제77조의13

6) 2013. 1. 18. 의안번호 제1903351호로 발의된 건축법 일부개정법률안에 대한 국회 국토교통위원회 검토보고서 참조

축협정구역에서 이루어지는 건축이나 대수선 등의 영향을 직접적으로 받게 되는 점, ② 토지등소유자가 신탁업자인 사업시행자에게 토지 또는 건축물을 신탁한 것은 토지등소유자의 의사에 기하여 추진되는 가로주택정비사업의 시행을 위한 수단이라 할 것이므로,[1] 신탁재산의 처분이나 사용 등은 사업시행구역에서 이루어지는 가로주택정비사업의 추진으로 한정되는데, 신탁업자인 사업시행자가 건축협정을 임의로 체결할 수 있게 되면 이는 사실상 토지등소유자가 신탁업자인 사업시행자에게 신탁한 업무 범위를 벗어나게 될 수도 있다는 점, ③ 소규모주택정비법 제19조제1항에서는 같은 법 제23조에 따라 토지등소유자의 10분의 8 이상 및 토지면적의 3분의 2 이상의 토지소유자 동의를 받았을 때 신탁업자를 사업시행자로 지정할 수 있도록 하고 있어 신탁업자가 토지등소유자 전체의 동의를 받지 않더라도 사업시행자가 될 수 있도록 하고 있는 반면, 「건축법」 제77조의4제1항에서는 소유자등 전원의 합의가 있을 때 건축협정을 체결할 수 있도록 규정하고 있는바, 그렇다면 신탁업자인 사업시행자가 사업시행구역 내 토지등소유자의 전원의 동의를 받지 않은 경우도 있을 수 있음에도 불구하고 이러한 사업시행자가 소유자등 전원의 합의를 필요로 하는 건축협정의 체결 주체가 될 수 있다고 보는 것은 불합리한 점 등도 이 사안을 해석할 때 고려할 필요가 있습니다.

따라서 이 사안의 신탁업자인 사업시행자는 건축협정을 체결할 수 있는 자인 「건축법 시행령」 제110조의3제1항제1호의 소유자에 해당하지 않습니다.

(질의2) 이 사안의 경우, 신탁업자인 사업시행자는 건축협정을 체결할 수 있는 자인 「건축법 시행령」 제110조의3제1항제2호의 지상권자에 해당하지 않습니다.

먼저 「건축법 시행령」 제110조의3제1항제2호에 따른 지상권자는 문언상 실제 해당 토지의 지상권을 가지는 자를 의미한다는 것이 명확한데, 지상권은 「민법」 제279조에 따르면 타인의 토지에 건물 기타 공작물이나 수목을 소유하기 위하여 그 토지를 사용하는 권리로서 부동산의 사용가치를 독점적으로 지배하는 것을 내용으로 하는 용익물권[2]을 의미하는바,[3] 이러한 지상권은 「민법」 제187조에 따라 상속, 공용징수, 판결, 경매 기타 법률의 규정에 의한 부동산에 관한 물권의 취득이 있을 때 법정지상권으로서 등기가 없더라도 취득될 수 있으나, 일반적인 경우에는 「민법」 제186조에 따라 지상권설정계약과 그 등기가 필요합니다.

그런데 신탁업자인 사업시행자가 소규모주택정비법 제29조에 따라 사업시행계획인가를 받게 된다고 하더라도 이러한 인가는 행정처분에 해당하므로 민법상 계약 중 하나인 지상권설정계약을 체결하거나 그 설정 등기를 한 것으로 보이지 않고, 소규모주택법령에서는 사업시행계획인가를 받았을 때 지상권설정계약 및 그 등기를 한 것으로 보는 명시적인 규정이 있다거나 이 사안의 사업시행계획인가를 받았다고

1) 대법원 2015. 6. 11. 선고 2013두15262 판결례 참조

2) 타인의 토지나 건물 등 부동산을 일정의 목적에 사용·수익하는 권리 중 물권에 관한 것을 가리킴.

3) 법제처 2020. 5. 11. 회신 20-0111 해석례 참조

하여 법정지상권이 설정되는 효과가 있는 것도 아닌바, 이 사안과 같이 신탁업자인 사업시행자가 소규모주택정비법 제29조에 따라 사업시행계획인가를 받게 되더라도 그 인가를 받았다는 사실만으로 「건축법 시행령」 제110조의3제1항제2호에 따른 지상권자에 해당하지는 않는다고 할 것입니다.

따라서 이 사안의 경우, 신탁업자인 사업시행자는 건축협정을 체결할 수 있는 자인 「건축법 시행령」 제110조의3제1항제2호의 지상권자에 해당하지 않습니다. 끝.

9-2 국토교통부 관원회신 및 전자민원 사례

국토부주택정비과-762호(2020.02.24.)

➲ 질의요지

소규모재건축사업을 추진하던 2개 추진위원회가 통합하여 도시정비법상 재건축사업을 추진하고자 하는 경우 새로운 추진위원회를 구성해야 하는지, 아니면 주민총회에서 토지등소유자 과반의 동의를 얻어 기존 추진위원회를 통합하고 기존에 계약한 업체의 승계가 가능한지?

➲ 회신내용

「도시 및 주거환경정비법」 제31조제1항에 따르면, "조합을 설립하려는 경우에는 제16조에 따른 정비구역 지정 · 고시 후 다음 각 호의 사항에 대하여 토지등소유자 과반 수의 동의를 받아 조합설립을 위한 추진위원회를 구성하여 국토교통부령으로 정하는 방법과 절차에 따라 시장 · 군수등의 승인을 받아야 한다." 고 규정하고 있습니다.

1. 추진위원회 위원장(이하 "추진위원장"이라 한다)을 포함한 5명 이상의 추진위원회 위원(이하 "추진위원"이라 한다)
2. 제34조제1항에 따른 운영규정

질의의 추진위원회가 상기의 구성 요건을 충족하는 경우라면, 정비사업의 통합 추진에 따른 기존 추진위원회의 통합에 관한 사항은 별도로 규정하고 있지 아니하므로, 기존 추진위원회의 설립 내용 등 정비사업 추진현황을 종합적으로 검토하여 해당 추진위원회 승인권자인 시장, 군수, 구청장이 판단할 수 있을 것임을 알려드립니다. 끝.

질의요지

각각 허가를 받은 주택단지인 A단지와 B단지를 통합하여 하나의 소규모재건축사업으로 추진이 가능한지 여부

가능한 경우 노후도 산정 시 단지별 노후도가 충족되어야 하는지 또는 전체 건축물을 대상으로 노후도를 산정해야 하는지 여부

회신내용

「빈집 및 소규모주택 정비에 관한 특례법」제2조제1항제3호 및 같은 법 시행령 제3조제1항제3호에 따르면, 소규모재건축사업의 대상지역에 관하여, 「도시 및 주거환경정비법」제2조제7호의 주택단지로서 다음 각 목의 요건을 모두 충족한 지역으로 정하고 있습니다.

> 가. 해당 사업시행구역의 면적이 1만㎡ 미만일 것
> 나. 노후·불량건축물의 수가 해당 사업시행구역 전체 건축물 수의 3분의 2이상일 것
> 다. 기존주택의 세대수가 200세대 미만일 것

이때, 각각의 단지가 「도시 및 주거환경정비법」 제2조제7호의 주택단지로써 해당구역이 도로 등 도시계획시설로 나눠져 있지 않고 서로 인접한 경우에는 공동으로 사업 추진이 가능할 것으로 판단됩니다.

또한, 공동으로 시행하고자 하는 주택단지가 「빈집 및 소규모주택 정비에 관한 특례법 시행령」 제3조제1항제3호의 각 목의 요건을 충족하여야 할 것이므로 전체 건축물을 대상으로 노후·불량건축물의 수를 판단하여야 할것으로 보입니다. 끝.

도심주택공급협력과-2067호(2022.09.02.)

질의요지

「빈집 및 소규모주택 정비에 관한 특례법」 제19조제1항에 따라 가로주택정비사업의 신탁업자(이하 "지정개발자")를 사업시행자로 지정하는 것에 동의하는 경우, 해당 동의서의 철회 또는 반대의사 표시의 시기는?

회신내용

「빈집 및 소규모주택 정비에 관한 특례법」 제25조제1항에 따라 가로주택정비사업의 지정개발자를 정하는 경우 동의(동의한 사항의 철회를 포함한다)는 서면동의서에 토지등소유자가 성명을 적고 지장(指章)을 날인하는 방법으로 하며, 주민등록증, 여권 등 신원을 확인할 수 있는 신분증명서의 사본을 첨부하여야 합니다.

또한, 같은 법 제25조제4항 및 같은 법 시행령 제23조에 따라 토지등소유자(토지면적에 관한 동의자의 수를 산정하는 경우에는 토지소유자를 말한다)의 동의자 수 산정방법에 관하여는 「도시 및 주거환경정비법 시행령」 제33조를 준용하며, 이 경우 "주거환경개선사업"은 "자율주택정비사업, 가로주택정비사업 또는 소규모재개발사업"으로, "재건축사업"은 "소규모재건축사업"으로 본다고 규정하고 있습니다.

이에 따라 동의서의 철회 또는 반대의사 표시에 대해서는 도시정비법 시행령 제33조제2항에 따라 다음 각 호의 기준을 적용해야 합니다.

1. 동의의 철회 또는 반대의사의 표시는 해당 동의에 따른 인·허가 등을 신청하기 전까지 할 수 있다.
2. 제1호에도 불구하고 다음 각 목의 동의는 최초로 동의한 날부터 30일까지만 철회할 수 있다. 다만, 나목의 동의는 최초로 동의한 날부터 30일이 지나지 아니한 경우에도 법 제32조제3항에 따른 조합설립을 위한 창립총회 후에는 철회할 수 없다.
   가. 법 제21조제1항제4호에 따른 정비구역의 해제에 대한 동의
   나. 법 제35조에 따른 조합설립에 대한 동의(동의 후 제30조제2항 각 호의 사항이 변경되지 아니한 경우로 한정한다)

이와 관련, 지정개발자 지정에 대한 동의는 상기 규정 제2호 각 목에 따른 정비구역의 해제 또는 조합설립에 대한 동의가 아니므로 해당 규정을 적용할 수 없을 것이며, 지정개발자 지정 동의서 서식에는 조합설립 동의서 서식과 달리 동의서 철회 기간에 대해 30일이라는 기간을 명시하고 있지 않는 점을 고려하였을 때, 지정개발자 지정 동의서의 철회 또는 반대의사 표시는 상기 규정 제1호에 따라 해당 동의에 따른 인·허가 등을 신청하기 전까지이며, 이는 지정개발자 지정을 신청하기 전까지로 볼 수 있을 것입니다. 끝.

도심주택공급협력과-2251호(2022.10.26.)

질의요지

「빈집 및 소규모주택 정비에 관한 특례법」(이하 "소규모주택정비법") 시행령 제3조제1항제2호에서 규정하는 가로주택정비사업 기존주택 기준에 무허가대장에 등재된 무허가건축물도 포함되는지?

기존주택에 무허가건축물이 포함된다면, 건축허가 및 사용승인을 득하지 않더라도 구조나 사용형태 등으로 단독 또는 공동주택을 구분하여 적용이 가능한지?

회신내용

소규모주택정비법 시행령 제3조에서는 소규모주택정비사업 대상 지역을 규정하고 있으며, 가로주택정비사업은 제1항제2호다목에 따라 기존주택의 호수 또는 세대수를 다음의 구분에 따른 기준 이상일 것으로 규정하고 있습니다.

1) 기존주택이 모두 단독주택인 경우: 10호
2) 기존주택이 모두 「주택법」 제2조제3호의 공동주택(이하 "공동주택"이라 한다)인 경우: 20세대
3) 기존주택이 단독주택과 공동주택으로 구성된 경우: 20채(단독주택의 호수와 공동주택의 세대수를 합한 수를 말한다. 이하 이 목에서 같다). 다만, 기존주택 중 단독주택이 10호 이상인 경우에는 기존주택의 총합이 20채 미만인 경우에도 20채로 본다.

이와 관련, 동법에서는 소규모주택정비사업과 관련하여 무허가건축물에 대해 별도 규정하고 있지 않은 바, 기존주택 수 산정 시 포함 여부에 대해서는 관할 시·도 조례(노후·불량건축물[1] 범위 등) 및 해당 건축물을 관리하는 관할 지자체에서 주택(단독 또는 공동주택)으로 판단할 수 있는 관련 자료[2] 등을 토대로 판단이 필요할 것입니다.

다만, 관련 규정 및 판례들을 종합적으로 검토해보았을 때, 무허가건축물은 원칙적으로 관계 법령에 의하여 철거되어야 하는 점, 무허가건축물의 소유자를 토지등소유자로 간주하여 사업을 추진할 경우, 적법한 건축물 소유자의 재산권을 침해할 우려가 있는 점 등 여러 사정을 고려하여, 향후 조합설립인가를 위한 토지등소유자 수에는 무허가건축물의 소유자는 미포함하여 적법한 토지등소유자의 재산권 침해를 최소화하는 등 원활한 사업추진을 도모하여야 할 것입니다. 끝.

1) 「도시 및 주거환경정비법 시행령」 제2조제3항에 따라 시·도 조례로 위임
2) 예시 : 「경기도 도시 및 주거환경정비 조례」 제3조제2항제2호나목: 기존무허가건축물 포함

도심주택공급협력과-2308호(2023.08.18.)

질의요지

「빈집 및 소규모주택 정비에 관한 특례법(이하 "소규모주택정비법")」 제43조의5 용도지역 상향 시 제공되는 임대주택과 동법 제48조제5항 통합시행에 따라 제공되는 임대주택은 동법 제49조 임대주택 건설에 따른 법적상한 용적률까지 완화받기 위해 제공되는 임대주택 비율에 포함할 수 있는지 여부?

회신내용

소규모주택정비법 제43조의5제1항 전단은 "사업시행자는 관리지역에서 소규모주택정비사업의 시행으로 제43조의4제2항에 따라 용도지역이 변경된 경우 변경된 용도지역에서의 용적률에서 종전의 용도지역의 용적률을 뺀 용적률의 100분의 50 이하로서 시·도조례로 정하는 비율에 해당하는 면적에 임대주택을 건설하여 시·도지사, 시장·군수등 또는 토지주택공사등에 공급하여야 한다."라고 규정하고 있고,

같은 조 제2항은 "관리지역에서 시행하는 거점사업의 사업시행자는 제1항에도 불구하고 변경된 용도지역에서의 용적률에서 종전의 용도지역의 용적률을 뺀 용적률의 100분의 15 이상 100분의 30 이하의 범위에서 시·도조례로 정하는 비율 이상이 되도록 임대주택을 건설하여야 한다."라고 규정하여 소규모주택정비 관리지역 내 용도지역 상향 특례를 적용받을 경우 임대주택 공급 의무를 명시하고 있습니다.

또한, 2023년 10월 19일 시행 예정인 소규모주택정비법 제48조제5항은 "사업시행자는 관리지역에서 소규모주택정비사업을 시행하는 경우 대통령령으로 정하는 바에 따라 서로 연접한 사업시행구역을 하나의 사업시행구역으로 통합하여 시행할 수 있다. 이 경우 공공임대주택 또는 공공지원민간임대주택을 임대주택 비율(건축물의 전체 연면적 대비 임대주택 연면적의 비율 또는 전체 세대수 대비 임대주택 세대수의 비율을 의미한다. 이하 제49조에서 같다)이 100분의 20 미만의 범위에서 시·도조례로 정하는 비율 이상이 되도록 공급하여야 한다."라고 규정하여, 관리지역 내 연접 사업시행구역을 통합하여 소규모주택 정비사업을 시행할 경우 임대주택 공급 의무를 명시하고 있습니다.

또한, 동법 49조제1항 각 호 외 부분 및 같은 항 제1호에 따라 공공임대주택을 전체 세대수 대비 20퍼센트 이상의 범위에서 시·도조례로 정하는 비율 이상이 되도록 건설하는 경우 「국토의 계획 및 이용에 관한 법률」 제78조 및 관계 법령에 따른 용적률의 상한(법적상한용적률)까지로, 같은 항 제2호에서는 임대주택 비율을 10% 이상 20% 미만이 되도록 건설하는 경우 그 비율에 비례하여 시·도조례로 정하는 방법에 따라 산정된 용적률의 상한까지 특례를 부여할 수 있도록 하고 있습니다.

이와 관련, 위 세 조문의 체계상 조문별 포함 관계를 찾을 수 없는 점, 각 임대주택 유형(가격 등)이 상이한 점 등을 종합적으로 고려할 때, 세 규정은 각각 배타적으로 적용하여 개별 임대주택 산정 방식에 따라 산정하여야 할 것이며, 상호 간 포함 적용되지 않을 것으로 판단됩니다. 끝.

도심주택공급협력과-1694호(2023.06.12.)

➲ 질의요지

「빈집 및 소규모주택 정비에 관한 특례법(이하 "소규모주택정비법"이라 함)」 제49조(임대주택 건설에 따른 특례) 제1항제1호 조례 위임사항과 관련하여, 공공임대주택과 공공지원민간임대주택의 경우를 나누어 임대주택 비율을 다르게 조례로 규정할 수 있는지?

➲ 회신내용

소규모주택정비법 제49조제1항은 사업시행자는 빈집정비사업 또는 소규모주택정비사업의 시행으로 다음 각 호와 같이 임대주택을 건설하는 경우 「국토의 계획 및 이용에 관한 법률」 제78조에 따라 시·도조례로 정한 용적률에도 불구하고 다음 각 호에 따른 용적률의 상한까지 건축할 수 있다라고 규정하고 있으며, 이때 같은 항 제1호의 내용은 아래와 같습니다.

> 1. 공공임대주택 또는 공공지원민간임대주택을 임대주택 비율(건축물의 전체 연면적 대비 임대주택 연면적의 비율 또는 전체 세대수 대비 임대주택 세대수의 비율을 의미한다. 이하 이 조에서 같다)이 20퍼센트 이상의 범위에서 시·도조례로 정하는 비율 이상이 되도록 건설하는 경우: 「국토의 계획 및 이용에 관한 법률」 제78조 및 관계 법령에 따른 용적률의 상한(이하 "법적상한용적률"이라 한다)

상기 조문에 의거하여 20퍼센트 이상의 범위에서 각각의 임대주택 비율 건설 비율을 시·도조례로 위임하고 있는 바, 법령으로 일률적으로 규정할 수 없는 사항에 대하여는 조례에서 구체적으로 규정할 수 있을 것이므로 임대주택 유형별 특성과 그에 따른 소규모주택정비사업의 영향 등이 상이할 경우 법률에서 위임한 범위(20퍼센트 이상의 범위)를 위반하지 않는 범위에서 지역여건 등에 따라 그 비율을 다르게 규정할 수 있을 것으로 사료됩니다.

다만, 조례에 위임된 사항을 정하는 경우 본 법령 규정의 제정 취지[1], 지역 여건 및 타 지역과의 형평성 등을 고려하여 신중하게 규정하여야 함을 양지하여 주시기 바랍니다. 끝.

도심주택공급협력과-3311호(2023.11.10.)

➲ 질의요지

「빈집 및 소규모주택 정비에 관한 특례법(이하 "소규모주택정비법")」 제27조제3항제3호에 의거 통합심의를 위한 공동위원회 구성 시 "'시장·군수등이 필요하다고 인정하여 통합심의에 부치는 사항'에 대하여 심의 권한을 가진 관련 위원회"에 교육감 권한의 위원회를 조례에서 지정·포함하여 구성할 수 있는지?

➲ 회신내용

소규모주택 정비사업은 대규모 재개발·재건축이 불가능한 노후·저층 주거지의 주거환경을 간소화된 절차에 따라 신속히 정비하여 주거환경을 개선하기 위해 도입된 제도로서,

소규모주택정비법 제27조에 따른 통합심의는 2017.2.8. 법률 제정 당시부터 도입되어, 건축심의와 도시·군관리계획 및 개발행위 관련 사항에 대한 심의 주체·개최 시기가 상이함에 따라 심의 통과에 많은 시간이 소요되는 것을 해소하는 취지로써 규정되었습니다.

상기 취지 등을 고려할 때, 소규모주택정비법에서는 구체적으로 건축위원회 및 도시계획위원회 외 통합할 수 있는 위원회 명칭을 구체적으로 명시하지는 않았으나,

동법 제27조제1항제3호 및 같은 조 제3항제3호에 따라, "'소규모주택 정비사업의 시행을 위하여 시장·군수등이 필요하다고 인정하여 통합심의에 부치는 사항'에 대하여 심의 권한을 가진 관련 위원회"는,

사업 인허가권자가 심의가 필요한 사항을 판단하여 해당 사항의 심의 권한을 가진 심의 주체를 결정할 수 있도록 포괄위임한 사항으로 보이므로, 이에 따라 시·도조례 등을 통해 해당 사항을 규정하는 것이 가능할 것으로 사료됩니다. 끝.

1) 용적률 특례 제공을 통한 양질의 임대주택 확보, 소규모정비 활성화 등

도심주택공급협력과-3311호(2024.05.20.)

➲ 질의요지

「주택법」 및 「주택건설기준 등에 관한 규정」에 따라 일정 세대수 이상의 주택단지에서 의무적으로 설치하여야 하는 부대시설 및 복리시설의 용적률을 「빈집 및 소규모주택 정비에 관한 특례법」 제48조제2항에 따라 시·도조례로 정하는 용적률 내에서 용적률 완화 적용이 가능한지 여부

➲ 회신내용

소규모주택정비법 제48조제2항은 주택 외 정비기반시설, 공동이용시설, 복리시설 등을 설치하여 주거환경을 개선하는 동시에 용적률 혜택을 통해 사업성을 보완하고자 하는 취지입니다. 동 법령에서는 해당 시설이 의무적으로 설치하여야 하는 시설인지 여부에 대하여 별도로 규정하고 있지 않으며, 제도 취지 내에서 지자체 여건에 따라 시·도조례로 용적률을 정할 수 있도록 규정하고 있습니다.

따라서, 「주택법」 및 「주택건설기준 등에 관한 규정」에 따른 의무시설을 설치 시에도 용적률 완화가 가능하도록 시·도조례로 규정하면, 해당 시설에 대한 용적률 특례를 적용할 수 있을 것으로 사료됩니다. 끝.

도심주택공급협력과-2786호(2024.08.13.)

➲ 질의요지

소규모주택정비법 제43조의6제1항제2호에 따라 관리계획을 고시한 날부터 3년 이내라고 하더라도 관리지역을 해제할 수 있는지 여부

➲ 회신내용

소규모주택정비 관리지역 지정 후 최소 3년 동안은 지자체·주민 등은 사업이 이루어지도록 적극적인 노력을 하고, 3년 이내에 사업시행자의 지정, 조합설립인가 신청, 주민합의체 구성 등이 없는 경우에 한하여 3년 경과 후 관리지역을 해제하도록 하는 것이 소규모주택정비법의 제도 취지라고 판단됩니다. 끝.

국토교통부 전자민원 (2019.01.30.)

질의요지

「빈집 및 소규모주택정비에 관한 특례법 시행령」 제3조제3호 각목의 요건을 모두 충족한 지역에서 '소규모재건축사업'을 할 수 있다고 규정하고 있으나, 「도시 및 주거환경정비법」에 따른 정비(재건축)예정구역 내에 대한 규정이 없어 다음과 같이 질의합니다. 정비(재건축)예정구역 해제 없이 소규모주택정비법의 대상 지역 요건을 충족할 경우 '소규모재건축사업'이 가능한지, 아니면, 소규모주택정비법에 따른 대상 지역 요건에 적합하더라도 도시정비법에 따른 정비(재건축)예정구역 내에서는 해제 후 가능한지 문의드립니다.

회신내용

「빈집 및 소규모주택 정비에 관한 특례법」에서는 정비예정구역의 지정과 관련한 사항을 따로 규정하고 있지 않습니다.

다만, 해당 지역의 지자체에서는 도시정비기본계획에 따라 정비예정구역을 지정·관리하고 있으므로, 하나의 지역에서 두 가지 사업을 진행할 수 없기에 기존 정비예정구역 지정을 해제를 한 후 '소규모재건축사업' 추진하여야 할 것으로 보입니다. 정비예정구역 해제에 대한 보다 자세한 문의는 지정·관리청인 관할 지자체에서 안내받으시기 바랍니다. 끝.

국토교통부 전자민원 (2019.02.15.)

질의요지

「빈집 및 소규모주택 정비에 관한 특례법 시행규칙」 제9조제2항제4호에 따라 창립총회를 개최해야 하는 것으로 알고 있는데, 위 법령에서는 창립총회의 소집권자 및 소집요건에 대해서 규정하지 않고 있어, 추진위원회 없이 진행되는 소규모재건축사업에서는 소집권자를 누구로 하며, 또 소집요건 및 절차는 어떻게 해야 하는지 문의드립니다.

회신내용

「빈집 및 소규모주택 정비에 관한 특례법」 제23조에 따라 조합설립인가를 받으려는 경우 동법 시행규칙 제9조제2항에는 조합설립인가 등을 위해 필요한 서류로 창립총회에 관한 것들을 명시하고 있으나, 본법에는 창립총회에 대한 절차 등 세부사항을 규정하고 있지 않습니다.

따라서, 이에 대해 모 법인 「도시 및 주거환경정비법 시행령」 제27조의 '창립총회의 방법 및 절차 등'을 따라야 할 것으로 판단됩니다. 끝.

국토교통부 전자민원 (2019.04.17.)

➲ 질의요지

주택건설사업 기반시설 기부채납 운영기준을 소규모재건축정비사업 시에도 적용할 수 있는지

➲ 회신내용

「주택건설사업 기반시설 기부채납 운영기준」 1-4-1에 따르면 이 기준은 「주택법」 제15조제1항 및 제3항에 따라 민간택지에 사업계획의 승인을 얻어 시행하는 주택건설사업에 적용하는 것이며,

「도시 및 주거환경정비법」에 따른 주택재건축정비사업 및 「빈집 및 소규모주택 정비에 관한 특례법」에 따른 소규모재건축정비사업은 각각 개별법에 따라 사업시행계획인가를 받으면서 단지 주택법에 따른 사업계획승인을 의제하는 것이므로, 동 기준의 적용대상이 아님을 알려드립니다. 끝.

국토교통부 전자민원 (2019.04.19.)

➲ 질의요지

도시정비법에 따른 재건축사업을 소규모재건축사업으로 전환 관련

➲ 회신내용

「빈집 및 소규모주택 정비에 관한 특례법」 제정 당시의 부칙 <법률 제14569호, 2017. 2. 8> 제3조에 따르면 이 법 시행 당시 종전의 「도시 및 주거환경정비법」의 주택재건축사업(정비구역이 아닌 구역에서 시행하는 주택재건축사업을 말한다) 관련 규정에 따라 행하여진 처분·절차 및 행위는 이 법의 관련 규정에 따라 행하여진 처분·절차 및 행위로 본다고 규정하고 있기 때문에 동 법령 시행 이후에는 동 법령에 따라 사업을 시행하여야 함을 알려드립니다. 끝.

국토교통부 전자민원 (2019.09.26.)

➔ 질의요지

20명 미만 토지등소유자가 가로주택정비사업 공동 추진이 가능한지 여부와 매도청구 가능여부 문의

➔ 회신내용

「빈집 및 소규모주택 정비에 관한 특례법」 제17조제3항제1호에 의하면 "가로주택정비사업 또는 소규모재건축사업은 다음 각 호의 어느 하나에 해당하는 방법으로 시행할 수 있다. 1. 토지등소유자가 20명 미만인 경우에는 토지등소유자가 직접 시행하거나 해당 토지등소유자가 제1항 각 호의 어느 하나에 해당하는 자와 공동으로 시행하는 방법"이라고 규정하고 있으므로, 상위 규정에 따라 공동으로 추진이 가능할 것으로 보입니다.

하지만, 이 법 제22조제1항제2호에 따라 가로주택정비사업 또는 소규모재건축사업을 시행하는 경우로서 토지등소유자가 20명 미만인 경우에는 토지등소유자 전원의 합의를 거쳐 주민합의체를 구성하여야 함을 알려드리니 이점 양지하시기 바랍니다. 끝.

국토교통부 전자민원 (2019.11.13.)

➔ 질의요지

가로주택정비사업, 소규모재건축사업 수용재결 가능여부

➔ 회신내용

「공익사업을 위한 토지 등의 취득 및 보상에 관한 법률」제4조의 공익사업에는 「빈집 및 소규모주택 정비에 관한 특례법」으로 추진하는 사업이 포함되지 않음을 알려드립니다.

다만, 이 법 제36조제2항에서 규정하는 사항은 제29조제4항에 따라 제18조제1항제1호에서 규정하는 천재지변, 「재난 및 안전관리 기본법」 제27조 또는 「시설물의 안전관리에 관한 특별법」 제14조에 따른 사용제한·사용금지, 그 밖의 불가피한 사유로 긴급하게 사업을 시행할 필요가 있는 경우에 해당됨을 알려드리니, 관련업무에 참고하여 주시기 바랍니다. 끝.

국토교통부 전자민원 (2019.12.17.)

➲ 질의요지

소규모재건축사업 조합이 사업 추진 중 가로주택정비사업으로 변경 가능한지 여부 문의

➲ 회신내용

「빈집 및 소규모주택 정비에 관한 특례법」제23조에 따라 소규모재건축사업과 가로주택정비사업은 토지등소유자와 토지면적 등의 동의율 산정기준이 다르며, 이 법 시행령 제3조제1항에 의거 사업대상지역도 상이 합니다.

따라서, 현재 조합을 해산한 뒤 가로주택정비사업에 부합하는 요건의 조합을 결성해야 할 것으로 보이므로, 이와 관련한 보다 자세한 사항은 조합설립 인가청인 해당 지자체로 문의하여 주시기 바랍니다. 끝.

국토교통부 전자민원 (2021.01.22.)

➲ 질의요지

국공유 재산 처분 등과 관련하여 소규모주택정비법에 따르는 "사업시행구역"인 경우에도 구역에 포함될 경우 종전의 용도가 폐지된 것으로 볼 수 있는지 문의

➲ 회신내용

「빈집 및 소규모주택 정비에 관한 특례법」 제56조제1항에 의하면 국유·공유 재산 처분 등에 관하여는 「도시 및 주거환경정비법」제 98조를 준용하도록 규정하고 있습니다.

이 법 제98조제1항과 같이 사업시행계획 또는 사업시행계획서에 국유·공유재산의 처분에 관한 내용이 포함되어 있는 때에는 미리 관리청과 협의하여야 하며, 이 법의 각 항의 절차를 거친 경우에는 제5항에 의거 사업시행계획인가의 고시가 있은 날부터 종전의 용도가 폐지된 것으로 볼 수 있음을 알려드리니, 이와 관련한 절차나 내용 등 자세한 사항은 인가청인 관할 지자체로 문의하여 주시기 바랍니다. 끝.

국토교통부 전자민원 (2021.08.26.)

➔ 질의요지

기반시설이 양호한 지구단위계획구역내에서 가로주택정비사업이나 소규모재건축이 모두 가능한지요?

➔ 회신내용

「빈집 및 소규모주택 정비에 관한 특례법」에서는 지구단위계획구역 내에서 소규모주택정비사업 시행에 관해 별도로 규정하고 있지 않으며, 지구단위계획구역의 지정목적, 계획 등을 면밀히 검토하여 관리청에서 판단되어져야 할 것입니다.

참고로, 「빈집 및 소규모주택정비에 관한 특례법 시행령」 제3조에 따른 소규모주택정비사업 대상 지역의 요건을 충족하여야 하며, 「빈집 및 소규모주택정비에 관한 특례법」 제55조제1항제10호에 따라 사업시행인가 및 고시가 있은 때에는 「국토의 계획 및 이용에 관한 법률」 제30조에 따른 도시·군관리계획(같은 법 제2조제4호다목의 계획 및 같은 호 마목의 계획 중 같은 법 제51조제1항에 따른 지구단위계획구역 및 지구단위계획만 해당한다)의 결정, 같은 법 제56조에 따른 개발행위의 허가, 같은 법 제86조에 따른 도시·군계획시설사업시행자의 지정 및 같은 법 제88조에 따른 실시계획의 인가가 있은 것으로 본다고 규정하고 있으며, 제2항 및 제3항에 따라 해당 법률에서 정하는 관계서류를 함께 제출하고 미리 관계 행정기관의 정과 협의하여야 한다고 규정하고 있음을 알려드립니다.

지구단위계획구역에서의 사업시행 가능여부, 지구단위계획의 변경 등 이와 관련한 보다 자세한 사항은 인가청인 해당 지자체에 문의하여 주시기 바랍니다. 끝.

국토교통부 전자민원 (2021.08.31.)

➲ 질의요지

100인 이하 소규모재건축사업의 시공자 선정 관련

➲ 회신내용

「빈집 및 소규모주택 정비에 관한 특례법」 제20조제2항 중 단서 규정에 따르면, 대통령령으로 정하는 규모(시행령 제18조제1항에 따라 100인) 이하의 소규모주택정비사업은 조합 총회에서 정관으로 정하는 바에 따라 선정할 수 있다고 정하고 있으며, 「소규모주택정비사업의 시공자 및 정비사업전문관리업자 선정기준」 제5조제1항에서도 토지등소유자 또는 조합원이 100인 이하인 가로주택정비사업 및 소규모재건축사업은 조합 총회에서 정관으로 정하는 바에 따라 시공자를 선정할 수 있다고 규정하고 있습니다.

따라서, 100인 이하의 소규모재건축사업의 경우 정관에서 정하는 방법에 따라 조합 총회에서 선정할 수 있음을 알려드리며 필요한 경우, 정관을 변경하여 시공자 선정을 추진하여야 할 것입니다.

이와 관련하여 개별 사실판단이 필요한 사항은 현지현황 및 관계규정을 자세히 알고 있는 해당지역 시장, 군수, 구청장 등 인가권자에게 문의하여 주시기 바랍니다. 끝.

국토교통부 전자민원 (2021.09.08.)

➲ 질의요지

(질의1) 기존주택이 공동주택(20세대이상)으로만 구성된 경우 가로주택정비사업과, 소규모재건축사업 중 어떤 사업으로 추진하여야 하는지?

(질의2) 시행령 제3조제1항제2호다목2)의 공동주택과 제1항제3호 주택단지로 구분하고 있는데 100세대의 공동주택과, 건축법에 따라 15세대, 16세대의 연접아파트 2개필지를 사업시행구역으로 각각 사업을 추진한다면 공동주택은 어디에 해당하는지?

(질의3) 기존 주택이 지구단위계획에 따라 주택법으로 사업승은을 받은 180세다 아파트로 구성된 주택단지이고 가로구역 및 사업시행 면적 등의 기준 요건을 충족하고 있다면 가로주택정비사업으로 해야 하는지 소규모재건축사업으로 추진해야 하는지?

(질의4) 시행령 제29조에 따라 2종일반주거지역인 경우 15층 이하의 범위에서 시·도조례로 층수제한을 정하여 적용할 수 있다고 규정하고 있는데, 시·도조례로 **층수제한**을 하고 있지 않은 경우?

(질의5) 소규모재건축사업은 주택도시보증공사에서 기금을 융자하는 사항이 없는지?

➔ 회신내용

(질의1)「빈집 및 소규모주택 정비에 관한 특례법 시행령」제3조에 따른 소규모주택정비사업 대상지역의 요건 및 가로구역 요건을 충족한 경우 토지등소유자들이 사업시행방식을 결정하여 할 것입니다.

(질의2) 질의하신 사항이 구체적이지 않아 답변에 어려움이 있음을 양지하여 주시기 바라며, 참고로,「빈집 및 소규모주택 정비에 관한 특례법 시행령」제3조제1항제2호다목2)의 공동주택은 건축물의 종류에 해당하고, 같은 법 시행령 제3조제1항제3호의 주택단지는 대상지역을 나타냄을 알려드립니다.

(질의3) "(질의1)"답변과 동일

(질의4)「빈집 및 소규모주택정비에 관한 특례법 시행령」제29조제1항에 따라 가로주택정비사업으로 건설하는 건축물의 층수는「국토의 계획 및 이용에 관한 법률」제76조 및 같은 법 시행령 제71조에 따른다고 규정하고 있으며, 다만 제2종일반주거지역인 경우 15층 이하의 범위에서 가로구역의 규모와 도로너비 등을 고려하여 시·도 조례로 층수제한을 따로 정하여 적용할 수 있다고 규정하고 있습니다. 만약 시·도조례로 층수제한을 규정하지 않았다면,「국토의 계획 및 이용에 관한 법률」제76조 및 동법 시행령 71조의 규정에 따라 정해짐을 양지하여 주시기 바랍니다.

(질의5) 도시재생 뉴딜사업 연계 등을 통한 소규모주택정비사업 활성화를 위하여 그간 가로주택정비사업 및 자율주택정비사업에 대하여 융자지원을 실시하고 있으며, 소규재모건축사업에 대해서는 별도로 융자지원을 실시하고 있지 않았습니다. 다만, 소규모재건축사업의 활성화를 위하여 여러 지원방안을 검토하고 있음을 알려드립니다.

사업요건·대상지역, 용적률, 사업의 적정성 등 와 관련한 보다 자세한 사항은 인가청인 해당 지자체에 문의하여 주시기 바랍니다. 끝.

국토교통부 전자민원 (2021.11.29.)

➲ 질의요지

(질의1) 해당 아파트부지만을 가로구역의 일부로 보아 가로주택정비사업을 할 수 있는지 여부

(질의2) 가로주택정비사업이 가능하다면 소규모재건축사업과의 차이점은 무엇인지

(질의3) 사업구역범위의 변경없이 소규모재건축사업을 폐지하고 즉시 가로주택정비사업으로 전환이 가능한 지 여부

➲ 회신내용

(질의1,2) 가로주택정비사업과 소규모재건축사업에 대해서 「빈집 및 소규모주택 정비에 관한 특례법」 제2조제3호와 같은 법 시행령 제3조제 1항제2호 및 제3호에 대상 지역과 요건 등을 규정하고 있으며, 이와 관련, 사업시행자는 관련 규정에 따라 지역 현황, 주변 여건 등을 종합적으로 고려하여 추진이 가능한 사업방법을 선택할 수 있음을 알려드립니다.

다만, 귀하께서 첨부하신 자료에 대해 관련 규정에 따른 대상 지역, 요건 등에 충족되는지는 해당지역 시장, 군수, 구청장 등 인가권자가 판단할 사항임을 알려드리니, 관할 지자체에 문의하여 주시기 바랍니다.

(질의3) 귀하께서 문의하신 소규모재건축사업에 대해 이미 조합이 설립되었을 경우, 가로주택정비사업 조합으로 전환하는 경우에는 「빈집 및소규모주택 정비에 관한 특례법」 제23조 및 제24조등에 따라 조합 설립인가를 위한 요건 및 조합원 자격 등이 달라 종전 사업을 목적으로 인가된 조합은 해산하고, 변경된 사업을 위한 새로운 조합을 설립하여야 할 것으로 보입니다.

다만, (질의1,2) 답변에서 안내드린 가로주택정비사업 대상 지역, 요건 등에 충족되어야 하는 등 (질의1,2) 답변을 참고하시기 바랍니다. 끝.

국토교통부 전자민원 (2022.02.09.)

➲ 질의요지

시공자 및 정비사업전문관리업자 선정 외(용역, 물품구매 등) 계약방법 문의

➲ 회신내용

「빈집 및 소규모주택 정비에 관한 특례법」 제20조제2항 및 제21조제2항에 따라 시공자 및 정비사업전문관리업자 선정에 대해서는 '소규모주택정비사업의 시공자 및 정비사업전문관리업자 선정기준'을 적용하

여야 하며,

같은 법 제21조제3항에 따르면, 조합은 설계자 또는 「감정평가 및 감정평가사에 관한 법률」에 따른 감정평가법인등(시장·군수등이 선정·계약하는 감정평가법인등은 제외한다)을 선정 및 변경하는 경우 조합 총회(시장·군수등 또는 토지주택공사등과 공동으로 사업을 시행하는 경우에는 조합원의 과반수 동의로 조합 총회 의결을 갈음할 수 있다)의 의결을 거쳐야 한다고 규정하고 있습니다.

다만, 그 밖에 조합에서 필요한 계약에 대해서는 동법에서 별도 규정하고 있지 않으므로, 조합의 정관 등에 따라 정할 수 있을 것이라 판단되나, 보다 자세한 사항은 인가청인 해당 지자체와 협의하여 주시기 바랍니다. 끝.

국토교통부 전자민원 (2022.05.06.)

➔ 질의요지

소규모재건축사업의 오피스텔 공급기준 관련 문의

➔ 회신내용

「빈집 및 소규모주택 정비에 관한 특례법」(이하 "소규모주택정비법"이라 함) 제16조제3항에 따르면, "소규모재건축사업은 제29조에 따라 인가받은 사업시행계획에 따라 주택, 부대시설·복리시설 및 오피스텔(「건축법」 제2조제2항에 따른 업무시설 중 오피스텔을 말한다)을 건설하여 공급하는 방법으로 시행한다. 다만, 주택단지에 위치하지 아니한 토지 또는 건축물이 다음 각 호의 어느 하나에 해당하는 경우로서 사업시행상 불가피한 경우에는 대통령령으로 정하는 편입 면적 내에서 해당 토지 또는 건축물을 포함하여 사업을 시행할 수 있다"고 규정하고 있습니다.

이와 관련, 상기 규정에 따라 소규모재건축사업은 오피스텔을 포함하여 사업시행계획을 수립할 수 있습니다.

또한, 같은 법 제33조 및 시행령 제31조에 따라 수립되는 관리처분계획에 따라 주택, 부대시설 등을 공급하여야 할 것입니다.

다만, 이 경우 관련 규정에서는 주택 및 부대시설·복리시설에 대해서 규정하고 있으며, 오피스텔에 대해서는 별도 규정하고 있지 않으므로, 관련 시·도조례, 조합 정관에 따라 공급 방법을 정할 수 있을 것이라 판단됩니다. 끝.

국토교통부 전자민원 (2024.03.11.)

➲ 질의요지

소규모주택정비법 상 신설도로(기부채납 예정)를 임의적으로 계획하여 조합설립인가를 신청할 경우 가로구역 요건이 충족되었다고 볼 수 있는지?

➲ 회신내용

「빈집 및 소규모주택 정비에 관한 특례법 시행령」 제3조제2항에 따라 제1항제2호 각 목 외의 부분에 따른 가로구역은 다음 각 호의 요건을 모두 갖춰야 한다고 규정하고 있습니다.

> 다음 각 호는
>
> 1. 해당 가로구역은 국토교통부령으로 정하는 도로 및 시설로 둘러싸인 일단(一團)의 지역일 것. 다만, 소규모주택 정비 관리지역인 경우는 제외한다.
> 2. 해당 가로구역의 면적은 1만㎡ 미만일 것. 다만, 다음 각 목의 어느 하나에 해당하는 경우에는 다음 각 목의 구분에 따른 면적 미만으로 할 수 있다.
>   가. 지역여건 등을 고려하여 시·도조례로 기준 면적을 달리 정하는 경우: 1만3천㎡
>   나. 사업시행자가 법 제30조에 따른 사업시행계획서(법 제29조제1항 본문에 따라 사업시행계획서를 변경하는 경우를 포함한다)를 작성하기 전에 사업시행에 따른 정비기반시설 및 공동이용시설의 적정성 여부에 대하여 지방도시계획위원회의 심의를 거친 경우: 2만㎡
>   다. 소규모주택정비 관리지역인 경우: 4만㎡

「빈집 및 소규모주택 정비에 관한 특례법 시행규칙」 제2조제3항에 따라 영 제3조제2항제1호 본문에서 "국토교통부령으로 정하는 도로 및 시설"이란 다음 각 호의 도로 및 시설을 말한다고 규정하고 있습니다.

> 다음 각 호는
>
> 1. 다음 각 목의 도로 및 예정도로
>   가. 제1항제1호의 도로
>   나. 「건축법」 제2조제1항제11호에 따른 도로로서 너비 6미터 이상의 도로. 이 경우 「사도법」에 따라 개설되었거나 신설·변경에 관한 고시가 된 도로는 「국토의 계획 및 이용에 관한 법률」 제36조제1항제1호가목부터 다목까지의 규정에 따른 주거지역·상업지역 또는 공업지역에서의 도로로 한정한다.
>   다. 제1항제3호의 도로로서 너비 6m 이상인 도로
> 2. (생략)

상기 법령에서 정하는 바와 같이 조합설립인가 신청을 하기 위하여 「국토의 계획 및 이용에 관한 법률」, 「사도법」 또는 그 밖의 관계 법령에 따라 6m 이상의 도로를 신설·변경할 수 있는 계획을 제출한 경우 그 계획에 따른 예정도로는 가로구역 요건으로 볼 수 있을 것으로 보여지나, 해당 도로의 설치 여부는 설치의 필요성 등 면밀히 검토하여 해당 시설을 관리하게 되는 관리청과 협의 후 결정되어져야 할 것으로 판단됨을 알려드립니다. 끝.

국토교통부 전자민원 (2024.06.18.)

➲ 질의요지

「도시 및 주거환경정비법(이하 "도시정비법")」에서 규정한 '가로주택정비사업'이 「빈집 및 소규모주택 정비에 관한 특례법」(이하 "소규모주택정비법")으로 이관되어 2018.2.9.부터 시행됨에 따라 소규모주택 정비법에 의해 인·허가되는 '가로주택정비사업'이 개발부담금 부과 대상 사업인지 여부

➲ 회신내용

「개발이익 환수에 관한 법률」 제5조 및 같은 법 시행령 제4조제1항 [별표 1] 제1호나목에 따르면 「주택법」에 따른 주택건설사업은 개발부담금 부과 대상 개발사업의 범위에 포함되어 있으며, 「빈집 및 소규모주택 정비에 관한 특례법」 제55조 제1항에 따라 사업시행자가 사업시행계획인가를 받은 때에는 「주택법」 제15조에 따른 사업계획의 승인이 있는 것으로 보도록 규정하고 있고, 「개발이익환수에 관한 법률」 제5조 및 같은 법 시행령 제4조제1항 [별표 1] 비고에 따르면 "개별 법령에서 특정한 사업에 대하여 인가 등을 받으면 위 표 제1호부터 제8호까지에서 규정한 개발사업의 인가등을 받은 것으로 보는 경우에는 부담금 부과 대상 개발사업으로 본다"라고 규정하고 있습니다.

「개발부담금 부과·징수 업무처리규정」 제2조제2항제4호에 따르면 도시정비법의 주거환경개선사업, 주택재개발사업, 주택재건축사업은 영 제4조제1항 [별표 1]에 따른 개발부담금 부과 대상 개발사업 범위에 포함되지 아니하는 것으로 규정하고 있습니다.

따라서, '가로주택정비사업'이 「빈집 및 소규모주택 정비에 관한 특례법」 제55조 제1항에 따라 사업시행계획인가를 받아 「주택법」 제15조에 따른 사업계획의 승인을 받은 것으로 보는 경우 「개발이익환수에 관한 법률」 제5조 및 같은 법 시행령 제4조제1항 [별표 1] 제1호나목에 따른 개발부담금 부과 대상 개발사업에 해당하는 반면, 「개발부담금 부과·징수 업무처리규정」 제2조제2항제4호에 따른 개발부담금 부과 제외 대상 개발사업의 범위에는 포함되지 않으므로 동 사업은 개발부담금 부과 대상 개발사업에 해당하는 것으로 판단됩니다.

다만, 최종적인 개발부담금 부과 여부에 대하여는 해당 사업의 인허가 내용 및 관계 법률 등을 종합적으로 검토하여 개발부담금 부과권자가 결정하시기를 바랍니다. 끝.

➲ 질의요지

소규모재개발사업에서 정비기반시설(주차장)을 지방자치단체에 귀속하려고 함.

주차장면적을 제외하면 5천㎡ 미만인데 사업이 가능한지?

➲ 회신내용

「빈집 및 소규모주택 정비에 관한 특례법 시행령」 제3조제3항에 따라 법 제43조제2항·제3항에 따라 사업시행자가 새로 설치하는 정비기반시설이 그 시설을 관리할 국가 또는 지방자치단체에 귀속되는 경우에는 해당 시설의 면적을 다음 각 호의 면적에 산입하지 않는다고 규정하고 있습니다.

다음 각 호는

1. 제1항제2호가목, 같은 항 제3호가목 및 같은 항 제4호가목1)에 따른 사업시행구역의 면적
2. 제2항제2호에 따른 가로구역의 면적

「빈집 및 소규모주택 정비에 관한 특례법」 제43조제3항에 따라 "시장·군수등 또는 토지주택공사등이 아닌 사업시행자가 소규모주택정비사업의 시행으로 새로 설치한 정비기반시설은 그 시설을 관리할 국가 또는 지방자치단체에 무상으로 귀속되고, 소규모주택정비사업의 시행으로 용도가 폐지되는 국가 또는 지방자치단체 소유의 정비기반시설은 사업시행자가 새로 설치한 정비기반시설의 설치 비용에 상당하는 범위에서 그에게 무상으로 양도된다. 이 경우 사업시행자는 용도가 폐지되는 종래의 정비기반시설의 가액과 새로이 설치한 정비기반시설의 설치 비용 사이에 차이가 있는 때에는 그 차액에 상당하는 금액에 대하여 국가 또는 지방자치단체와 정산하여야 한다"고 규정하고 있습니다.

상기 법령에서 정하는 바와 같이 사업시행자가 소규모주택정비사업의 시행으로 새로 설치한 정비기반시설이 그 시설을 관리할 국가 또는 지방자치단체에 무상으로 귀속되는 경우 사업시행구역면적에 산입하지 않는다고 규정하고 있음을 알려드립니다.

다만, 귀하께서 질의하신 기존 도시계획시설을 포함하여 사업을 시행할 수 있는지 여부에 대해서는 해당 시설의 관리청과 협의가 필요할 것으로 판단되며, 이와 관련한 보다 자세한 사항 및 개별 사실 판단이 필요한 사항은 인가청인 해당 지자체에 문의하여 주시기 바랍니다. 끝.

국토교통부 전자민원 (2025.06.23.)

질의요지

소규모재건축사업추진 시 일반상업지역은 주택 없이 업무시설(오피스텔)로만 사업추진이 가능한지?

회신내용

「빈집 및 소규모주택정비에 관한 특례법」 제16조제3항에 따라 소규모재건축사업은 제29조에 따라 인가받은 사업시행계획에 따라 주택, 부대시설·복리시설 및 오피스텔(「건축법」 제2조제2항에 따른 업무시설 중 오피스텔을 말한다)을 건설하여 공급하는 방법으로 시행한다. 다만, 주택단지에 위치하지 아니한 토지 또는 건축물이 다음 각 호의 어느 하나에 해당하는 경우로서 사업시행상 불가피한 경우에는 대통령령으로 정하는 편입 면적 내에서 해당 토지 또는 건축물을 포함하여 사업을 시행할 수 있다고 규정하고 있습니다.

「빈집 및 소규모주택정비에 관한 특례법」 제32조제2항에 따라 국토교통부장관은 주택수급의 안정과 저소득 주민의 입주기회 확대를 위하여 소규모재건축사업으로 건설하는 주택에 대하여 전체 세대수의 100분의 90 이하로서 대통령령으로 정하는 범위에서 「주택법」 제2조제6호에 따른 국민주택규모의 주택 건설비율을 정하여 고시할 수 있다고 규정하고 있습니다.

「빈집 및 소규모주택 정비에 관한 특례법 시행령」 제29조제2항에 따라 "법 제32조제2항에서 "대통령령으로 정하는 범위"란 100분의 60 이하를 말한다. 다만, 「수도권정비계획법」 제6조제1항제1호에 따른 과밀억제권역에서 시행하는 소규모재건축사업이 다음 각 호의 요건을 모두 충족한 경우에는 「주택법」 제2조제6호에 따른 국민주택규모의 주택 건설 비율을 적용하지 아니한다"고 규정하고 있습니다.

다음 각 호는

1. 조합원에게 분양하는 주택은 기존주택의 주거전용면적을 축소하거나 30퍼센트의 범위에서 그 규모를 확대할 것
2. 조합원 외의 자에게 분양하는 모든 주택의 주거전용면적이 85㎡ 이하로 건설될 것

상기 법령에서 소규모재건축사업에 따른 국민주택규모의 주택건설비율의 상한과 하한을 규정하고 있고 해당 비율을 별도로 고시할 수 있다고 규정하고 있으나 별도로 고시하지 않은바, 60%이상의 국민주택규모의 주택을 건설하면 될 것으로 판단됨을 알려드립니다.

이와 관련한 보다 자세한 사항 및 개별 사실 판단이 필요한 사항은 인가청인 해당 지자체에 문의하여 주시기 바랍니다. 끝.

국토교통부 전자민원 (2025.08.07.)

질의요지

소규모재건축 조합설립 인가 후 사업시행계획 인가를 받음. 사업시행계획인가 폐지 후 조합설립인가를 해산할 수 있는지?

회신내용

「빈집 및 소규모주택 정비에 관한 특례법」 제23조제1항에 따라 조합이 설립된 사업시행구역에서 조합원 과반수의 동의로 조합의 해산을 요청하는 경우(사업시행계획인가를 신청하지 아니한 경우로 한정한다) 시장·군수등은 조합설립인가를 취소하여야 한다고 규정하고 있습니다.

「빈집 및 소규모주택 정비에 관한 특례법」 제29조제3항에 따라 "사업시행자(시장·군수등 또는 토지주택공사등은 제외한다)는 사업시행계획인가를 신청하기 전에 미리 제26조제2항 각 호의 어느 하나에 해당하는 동의 또는 의결을 거쳐야 하며, 인가받은 사항을 변경하거나 사업을 중지 또는 폐지하는 경우에도 또한 같다. 다만, 제1항 단서에 따른 경미한 사항의 변경은 그러하지 아니하다"고 규정하고 있으며, 제5항에 따라 "시장·군수등은 제1항에 따른 사업시행계획인가(시장·군수등이 사업시행계획서를 작성한 경우를 포함한다)를 하거나 사업을 변경·중지 또는 폐지하는 경우에는 국토교통부령으로 정하는 방법 및 절차에 따라 그 내용을 해당 지방자치단체의 공보에 고시하여야 한다. 다만, 제1항 단서에 따른 경미한 사항을 변경하는 경우에는 그러하지 아니하다"고 규정하고 있습니다.

상기 법령에서 정하는 바와 같이 사업시행인가를 신청하지 아니한 경우 조합원 과반수의 동의로 조합의 해산을 요청하는 경우 시장·군수등은 조합설립인가를 취소하여야 한다고 규정하고 있으며, 사업시행계획인가를 폐지하는 경우에는 「빈집 및 소규모주택 정비에 관한 특례법」제26조제2항 각 호의 어느 하나에 해당하는 동의 또는 의결을 거쳐야 하고, 폐지하는 경우 국토교통부령으로 정하는 방법 및 절차에 그 내용을 해당 지방자치단체의 공보에 고시하여야 할 것으로 판단됨을 알려드립니다.

이와 관련한 보다 자세한 사항 및 개별 사실 판단이 필요한 사항은 인가청인 지자체에 문의하여 주시기 바랍니다. 끝.

주　택　실　장 최진석
건축기획관 명노준
전략주택공급과장 양준모
모아주택정책팀장 이재훈
주　무　관 이준규

소규모주택정비법령 질의회신 사례집

초판 인쇄 2026년 01월 19일
초판 발행 2026년 01월 23일

저　자 서울특별시
발행인 김갑용

발행처 진한엠앤비
주소 서울시 서대문구 독립문로 14길 66 205호(냉천동 260)
전화 02) 364 - 8491(대) / 팩스 02) 319 - 3537
홈페이지주소 http://www.jinhanbook.co.kr
등록번호 제25100-2016-000019호 (등록일자 : 1993년 05월 25일)

ISBN 979-11-290-6292-5 (93360) [정가 24,000원]